"十三五"国家重点出版物出版规划项目
现代机械工程系列精品教材

画法几何学

第 2 版

主 编 丛 伟
副主编 单宝峰
参 编 丁 茹 王喜亭 陈士忠 王 涛
主 审 董国耀

机 械 工 业 出 版 社

本书是"十三五"国家重点出版物出版规划项目——现代机械工程系列精品教材，是根据教育部制订的"普通高等院校工程图学课程教学基本要求"，并征求多所高校具有丰富教学经验的工程图学教师的意见和建议，在总结作者近年来的教学改革实践经验的基础上修订完成的。本书的内容符合本课程教学大纲的基本要求。

本次修订删除了本科学习阶段不常用的曲线、曲面内容；在第五章投影变换里增加了绕投影面平行轴的旋转以及旋转法综合问题实例，以拓展学生的解题思路。

本书内容包括投影的基本知识、点和直线、平面、直线与平面以及两平面的相对位置、投影变换、立体、立体表面的交线、组合体、轴测投影和表面展开，总共十章。

本书可作为高等院校本科机械类各专业使用的教材，也可供其他各类学校有关师生和广大工程技术人员参考。

图书在版编目（CIP）数据

画法几何学/丛伟主编 . —2 版. —北京：机械工业出版社，2018.8
（2024.8 重印）

"十三五"国家重点出版物出版规划项目 现代机械工程系列精品教材

ISBN 978-7-111-60006-0

Ⅰ.①画… Ⅱ.①丛… Ⅲ.①画法几何—高等学校—教材
Ⅳ.①O185.2

中国版本图书馆 CIP 数据核字（2018）第 106052 号

机械工业出版社（北京市百万庄大街 22 号 邮政编码 100037）
策划编辑：刘小慧 责任编辑：徐鲁融 刘小慧 章承林
责任校对：肖 琳 封面设计：张 静
责任印制：李 昂
北京捷迅佳彩印刷有限公司印刷
2024 年 8 月第 2 版第 8 次印刷
184mm×260mm · 10.75 印张 · 256 千字
标准书号：ISBN 978-7-111-60006-0
定价：27.00 元

电话服务 网络服务
客服电话：010-88361066 机 工 官 网：www.cmpbook.com
010-88379833 机 工 官 博：weibo.com/cmp1952
010-68326294 金 书 网：www.golden-book.com
封底无防伪标均为盗版 机工教育服务网：www.cmpedu.com

第 2 版前言

本书是"十三五"国家重点出版物出版规划项目——现代机械工程系列精品教材,是根据教育部制订的"普通高等院校工程图学课程教学基本要求",并征求了多所高校具有丰富教学经验的工程图学教师的意见和建议,在第 1 版的基础上修订完成的。

本书修订后有以下主要特点:

1)仍然保持全书的内容体系和叙述风格,点、线、面,投影变换,立体,表面展开等内容自成体系,由浅入深,相对独立,便于学习者取舍。

2)删除了本科学习阶段不常用的曲线、曲面内容,精简了内容,更加突出了重点。

3)在第五章投影变换里增加了绕投影面平行轴的旋转以及旋转法综合问题实例,以拓展学生的解题思路。

4)全面校正了第 1 版中文字和插图的疏漏。

本书由沈阳航空航天大学丛伟任主编,沈阳航空航天大学单宝峰任副主编。参加本书编写的人员有:丁茹、王喜亭、陈士忠、王涛。

本书的编写和出版得到了沈阳航空航天大学、沈阳建筑大学、沈阳化工大学、沈阳工业大学、沈阳理工大学的大力支持,许多老师提出了宝贵的意见和建议,在此一并表示感谢。

由于编者水平所限,书中难免存在某些缺点和错误,敬请读者批评指正。

编　者
2018 年 6 月

第 1 版前言

本书是根据教育部普通高等院校工程图学课程教学基本要求（2010 年 5 月），参照最新发布或修订的国家标准《技术制图》和《机械制图》，并联合几所高校具有丰富教学经验的工程图学教师经过认真讨论后精心编写而成的。

在本书的编写过程中，力求做到由浅入深、内容全面、重点突出、通俗易懂。本书各章均配有大量的例图、例题，以便于学生理解和接受。

本书的全部插图都是用 AutoCAD 软件精确绘制的，并为使用该教材的教师开发了配套的电子挂图图库、电子模型库和电子教案，以便于任课教师采用多媒体教学。

本书由沈阳航空航天大学、沈阳建筑大学、沈阳工业大学、沈阳理工大学联合编写。在编写过程中参考了部分画法几何及机械制图教材，所用图例和例题多数来自生产实践，部分选自有关资料、标准，具有理论联系实际的特点。由于参加编写的作者来自不同的学校，各自的情况和需要也不尽相同，所以本书在内容取材上较为广泛，读者在使用时可根据需要进行取舍。

本书由沈阳航空航天大学丛伟任主编，沈阳航空航天大学单宝峰任副主编。参加编写工作的人员及分工为：丛伟（绪论、第三章、第四章、第五章、第八章），单宝峰（第二章），丛伟、沈阳理工大学丁茹（第一章），沈阳工业大学王喜亭（第七章、第九章），沈阳建筑大学陈士忠（第十一章），沈阳工业大学王涛（第六章、第十章）。沈阳航空航天大学张鹏参加了部分内容的资料采集工作，丛伟负责统稿。

本书由北京理工大学董国耀教授担任主审，他对书稿提出了许多宝贵的意见和建议，在此表示衷心感谢。

本书的编写和出版得到了机械工业出版社、沈阳航空航天大学、沈阳建筑大学、沈阳工业大学、沈阳理工大学有关领导的大力支持和热心指导，在此一并表示感谢。

由于编者水平所限，书中难免存在某些不妥和错误之处，敬请读者批评指正。

编　者
2012 年 3 月

目　　录

绪　论

一、画法几何学的发展历史与现状

自从劳动开创人类文明史以来，图形一直是人们认识自然，表达、交流思想的主要形式之一。从象形文字的产生到古埃及人丈量尼罗河两岸的土地，从航天飞机的问世到火星探测器对火星形貌的探测，这些人类活动始终与图形有着密切的联系。图形的重要性可以说是其他任何表达方式所不能替代的。

欧几里得几何学的成功，揭开了人类认识自然的序幕（用没有刻度的尺和圆规绘图，角度三等分是传统几何三大难题之一），后来又出现了非欧几何即黎曼几何（球面几何）。柏拉图的行星图是人类通过图形进行思维、表达的典范。

在人类文明史上占有重要地位的牛顿力学，其本质也是几何力学，正是借助几何表达和分解的方法，牛顿创立了完美的经典力学宏伟大厦，为近代科学的发展奠定了坚实的基础。蒸汽机的发明及其应用，开创了近代工业革命。如果说瓦特有关蒸汽机的伟大发明改变了人类的工业进程，那么车床（已经不知道是谁、经过无数人多次改进）的发明则更加伟大，因为蒸汽机制造的关键技术是气缸的加工，而气缸的加工是由车床来完成的。

无论是气缸的加工还是机器的制造，都需要工程图样作为产品信息的载体。到了 20 世纪初，美国由于采用了互换性技术和批量生产，使得世界汽车制造中心由欧洲转移到美国，汽车工业的生产效率大大提高，汽车价格大大下降，汽车进入了每一个家庭，进而使整个美国社会成为"轮子社会"。而"轮子"是依靠图样生产出来的。

在图形学的历史长河中，具有五千年文明史的中国也有辉煌的一页。"没有规矩，不成方圆"，反映了古代的中国人已对尺规作图的规律具有深刻的理解和认识。春秋时代的技术著作《周礼考工记》中已记载了规矩、绳墨、悬垂等绘图测量工具的运用情况。古代数学名著《周髀算经》中，对直角三角形三条边的内在性质已有较深刻的认识。到了宋代，建筑制图已经相当规范，如著名的《营造法式》。

在近代工业革命的进程中，随着生产的社会化以及生产实践的需要而逐渐产生了画法几何学。早在 1795 年，由法国著名学者加斯帕·蒙日（G. Monge，1746—1818 年）总结创立的画法几何学就曾对当时的军事工程做出了贡献。蒙日当时系统地提出了以投影几何为主线的画法几何学，把工程图的表达与绘制高度规范化、唯一化，从而使画法几何学成为工程图的"语法"，工程图成为工程界的"语言"。

在画法几何学的普及过程中，苏联学者切特维鲁新和佛罗洛夫等人的工作对其产生了很大的影响，对于加强学生的逻辑思维训练、培养学生的空间想象能力起到了很好的作用。画法几何学强调画的方法，它是标准的、唯一的，即在工程上不能有二义性。

我国工程图学学者、华中科技大学（原华中理工大学）的赵学田教授曾简捷、通俗地将三视图的投影规律总结为"长对正、高平齐、宽相等"，从而使得画法几何和工程制图知识易学、易懂。为此他五次受到毛主席的接见，成为我国第一任图学理事长。

计算机的广泛应用大大促进了图形学的发展，计算机图形学的兴起开创了图形学应用和发展的新纪元。以计算机图形学为基础的计算机辅助设计（CAD）技术，推动了几乎所有领域的技术革命，CAD 技术的发展和应用水平已经成为衡量一个国家科技现代化和工业现代化水平的重要标志之一。CAD 技术从根本上改变了过去的手工绘图以及凭图样组织整个生产过程的技术管理方式，将它改变为在图形工作站上交互设计，用数据文件发送产品定义，在统一的数字化产品模型下进行产品的设计打样、分析计算、工艺计划、工艺装备设计、数控加工、质量控制、编印产品维护手册、组织备件订货供应等。其标志性的进展就是波音 777 飞机的设计和制造，在设计和制造领域产生了一场革命。这场革命有三个特征产生了深远的影响：第一个特征是数字化（Digital Definition），全部数字化定义，实现了计算机辅助设计（CAD）/计算机辅助工艺规程（CAPP）/计算机辅助制造（CAM）等一系列过程的集成，实现了无纸生产，也实现了数字化预装配（Digital Pre-assembly）；第二个特征是标准化，波音公司与其合作生产发动机等公司的信息交换是在产品交换标准（STEP）下实现的；第三个特征是网络化，通过网络交换信息。

值得一提的有两点：一是计算机的广泛应用，并不意味着可以取代人的作用；二是 CAD/CAPP/CAM 一体化，实现无纸生产，并不等于无图生产，而是对图提出了更高的要求。计算机的广泛应用，CAD/CAPP/CAM 一体化，使技术人员可以用更多的时间进行创造性的设计工作。创造性的设计离不开运用图形工具进行表达、构思和交流。所以，随着 CAD 和无纸生产的发展，图形的作用不仅不会削弱，反而显得更加重要。

二、画法几何学的研究对象

画法几何学是研究投影理论和方法，并用以解决空间几何问题的科学。画法几何是几何学的一个分支，它是由生产实践的需要而产生的，因而不仅是纯理论的研究，而且必须面向工程实际，解决诸多生产实践过程中的问题。画法几何不仅为工程图学提供了理论依据，同时对于空间几何问题提供了独特的、形象的解题方式。

画法几何学要解决的问题包括图示法和图解法两部分内容。

图示法主要研究用投影法将空间几何元素（点、线、面）的相对位置及几何形体的形状表示在图纸平面上，同时必须根据平面上的图形完整无误地推断出空间表达对象的原形，即要在二维平面图形与空间三维形体之间建立起一一对应的关系。在工程施工和机械生产中常需要将实物绘制成图样，并根据图样组织生产和施工，这是工程图学要解决的基本任务。因而图示法必然成为工程图学的理论基础。

图解法主要研究在平面上用作图方法解决空间几何问题。确定空间几何元素的相对位置，如确定点、线、面的从属关系，求交点、交线的位置等，所有这些称为解决定位问题；而求几何元素间的距离、角度、实形等则属于解决度量问题。图解法具有直观、简便的优点，对于一般工程问题可以达到一定的精度要求。而对于有高精度要求的问题，可用图解与计算相结合的方法解决，综合两种方法的优点可使形象思维与抽象思维在认识中达到统一。

三、本课程的任务

1) 学习平行投影的基本理论，着重掌握正投影法的原理和应用，了解轴测投影的基本知识，并掌握其基本画法。

2）培养空间几何问题的图解能力，掌握作图解决空间定位问题（平行、相交、从属关系等）和度量问题（距离、角度、实形等）。

3）培养空间想象能力和空间思维能力。

4）由于近年来计算机绘图技术的飞速发展，必须认识和掌握应用画法几何学的方法解决计算机绘图问题和使用计算机解决画法几何问题。

四、学习方法

1）尽管画法几何学是数学的一个分支，但其研究方法不完全是传统的熟悉的方法，在学习中尽快理解和认识这种研究问题、表达问题和解决问题的方式，则是学好本课程的关键。

在学习图示法时，必须把对平面图形的投影分析与几何元素、几何形体的空间想象结合起来，建立起平面图形与空间形体间的对应关系，这里重点是要习惯于对空间形体的想象。

在学习图解法时，还要学会空间逻辑思维，就是利用对几何元素在空间的推理过程，设计出解题方案，然后在投影图上解决定位问题或度量问题。无论是静态的想象还是动态的思维，均属于形象思维方式。在学习过程中，要使自己善于使用这种思维方式。

2）掌握学习方法，提高空间想象能力，是一个渐进的过程，每个人的进程也各不相同，只要根据自己的经验，不断总结，不断努力，就一定能够完成本课程的学习任务。

3）画法几何学的另一个特点就是实践性。理论上解决的问题，必须在投影图上体现出来并最终加以完成，而且要达到一定的精确程度，因此只有认真完成必要的作业，才能真正掌握课程的内容。

总之，画法几何学的理论具有完整性和系统性，它的课程学习有一个鲜明的特点，就是用作图来培养学生的空间逻辑思维和想象能力，即在学习过程中，必须始终将平面上的投影与想象的空间几何元素结合起来。这种平面投影分析与空间形体想象的结合，是二维思维与三维思维间的转换。而这种转换能力的培养，只能循序渐进。首先，听课是学习课程内容的重要手段。课程中各章节的概念和难点，通过教师在课堂上形象地讲授，才能容易理解和接受。其次，必须认真地解题，及时完成一定数量的练习题，这样就有了一个量的积累。作图的过程是实现空间思维分析的过程，也是培养空间逻辑思维和想象能力的过程。只有通过解题和作图，才能检验是否真正地掌握了课堂上所学的内容。要密切联系与本课程有关的初等几何知识，着重训练二维与三维的图示和图解的相互转换。最后，由于画法几何独特的投影描述常表现为重叠的线，因而做题时的空间逻辑思维过程无法一目了然地表现出来，时间久了还很容易忘记。建议解题时，用文字将步骤记录下来，对照复习，只有这样才能温故知新，熟练掌握所学的内容。

第一章

投影的基本知识

第一节　投影方法概述

一、投影法的基本概念

当人们将物体放在光源和预设的平面之间时，在该平面上便呈现出该物体的影像。如果将这种自然现象加以几何抽象，就可得到投影方法。

如图 1-1 所示，设定平面 P 为投影面，不属于投影面的定点 S（如光源）为投射中心，投射线均由投射中心发出。通过空间点 A 的投射线与投影面 P 相交于点 a，则 a 称为空间点 A 在投影面 P 上的投影。同样，b 也是空间点 B 在投影面 P 上的投影。

这种按几何法则将空间物体表示在平面上的方法称为投影法。投影法是画法几何学的基本理论。画法几何就是依靠投影法来确定空间几何原形在平面图纸上的图形的。图 1-2 所示是以光源 S 为投射中心，平面 P 为投影面，三角板 ABC 为投影元素的投影体系，abc 是三角板 ABC 在平面 P 上的投影。

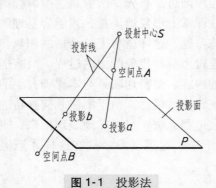

图 1-1　投影法　　　　　　　　　　图 1-2　中心投影法

二、投影法的分类

（一）中心投影法

当投射中心距离投影面为有限远时，所有投射线都汇交于一点（即投射中心），这种投影法称为中心投影法（见图 1-1、图 1-2）。用这种方法所得的投影称为中心投影。

在中心投影法中，物体上原来平行且相等的线段，当它们距投影面的距离不等时，其投影长度也不等，而且不反映原线段的真实长度。根据中心投影法绘制的图样立体感较强，常用于绘制建筑物的外观图。

（二）平行投影法

当投射中心距离投影面为无限远时，所有投射线都互相平行，这种投影法称为平行投影法。用这种方法所得的投影称为平行投影。根据投射线与投影面之间夹角的不同，平行投影法又可分为斜投影法和正投影法。

1. 斜投影法

投射线倾斜于投影面，这样所得的投影称为斜投影，又称斜角投影，如图 1-3 所示。

2. 正投影法

投射线垂直于投影面，这样所得的投影称为正投影，又称直角投影，如图 1-4 所示。

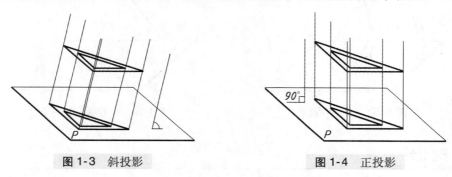

图 1-3　斜投影　　　　　　　　　　图 1-4　正投影

第二节　平行投影的基本性质

画法几何及投影法主要研究空间几何原形与其投影之间的对应关系，即研究它们之间内在联系的规律性，研究在投影图上哪些空间几何关系保持不变，哪些几何关系有变化和怎样变化，尤其是要掌握那些不变的关系，以作为画图和看图的基本依据。

平行投影法的特点之一是空间的平面图形若和投影面平行，则它的投影反映真实形状和大小，如图 1-3 和图 1-4 中的三角板。概括来讲，平行投影具有以下一些基本性质：

一、类似性

在平行投影中，点、直线和平面等几何元素的投影一般具有如下性质：

1）点的投影仍为点，如图 1-1 所示。

2）在一般情况下，直线的投影仍为直线，如图 1-5 所示。因为通过空间直线 AB 上各点的投射线形成一平面，此平面与投影面 P 的交线 ab 必为直线，而且是直线 AB 在 P 面上的投影。同理，平面图形的投影一般仍为原图形的类似形，如图 1-3 和图 1-4 所示。

二、实形性

平行于投影面的直线或平面，其投影反映原直线的实长或原平面图形的实形。投影的这种性质称为实形性，如图1-3和图1-4所示。

三、平行性

在空间彼此平行的两直线其投影仍互相平行，如图1-5所示。这是因为通过两平行直线
AB 和 CD 的投射线所形成的两平面 $ABab$ 和 $CDcd$ 互相平行，而两平行平面与同一投影面的
交线必然互相平行，即 $ab /\!/ cd$。

四、从属性

属于直线的点，其投影仍属于直线的投影。如图1-6所示，已知点 H 属于直线 EF，则
H 点的投影 h 仍属于直线 EF 的投影 ef。

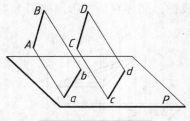 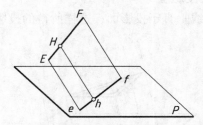

图1-5　平行两直线　　　　　　　　　图1-6　属于直线上的点

五、积聚性

平行于投射线的直线或平面，其投影有积聚性。在图1-7中，平行于投射线 S 的直线
AB，其投影积聚为点 $a(b)$；平行于投射线 S 的平面 $ABCFED$，其投影积聚成直线 $a(b)(e)dfc$。
通常把直线投影成点或把平面投影成直线的这种性质称为积聚性，其投影称为有积聚性的
投影。

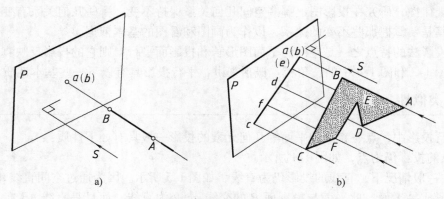

a)　　　　　　　　　　　　　　　b)

图1-7　投影的积聚性

六、定比性

点分线段之比投影后保持不变。如图1-6所示，点 H 在直线 EF 上，则 h 必落在 ef 上，

同时，点 H 分 EF 成定比 $EH:HF$，则点 H 的投影 h 也分 EF 的投影 ef 成相同比例，即 $EH:HF=eh:hf$。因为同一平面内两直线（EF 和 ef）被一组平行线（$Ee/\!/Hh/\!/Ff$）所截，所截得的各线段对应成比例。

上述规律均可用初等几何的知识得到证明。

特别强调指出：工程上用的投影图必须能够准确、唯一地反映空间的几何关系。能否根据投影图唯一地确定空间几何关系呢？

事实上，只凭一个投影不能反映唯一的空间情况。如图 1-5 和图 1-8 所示，投影图上有相互平行的两直线 $ab/\!/cd$，但对应到空间可能是图 1-5 中相互平行的两直线 AB 和 CD，也可能是图 1-8 中不平行的两直线 AB 和 CD。又如图 1-6 和图 1-9 所示，投影图上点 h 属于线段 ef，但对应到空间的点 H 可能是属于线段 EF（见图 1-6），也可能不属于线段 EF（见图 1-9）。再如图 1-10 所示，投影图表示的可能是几何体Ⅰ，也可能是几何体Ⅱ，还有可能是其他形状的几何体。

这是因为一个空间点有唯一确定的投影，如图 1-1 所示，每一条确定的投射线与投影面只能交于一点；但点的一个投影却不能唯一地确定该点的空间位置，如图 1-11 所示，当投射方向确定时，投影 a 可以对应于投射线的任意点 A_1、A_2、$A_3\cdots$，也就是说，其空间的点是不确定的。

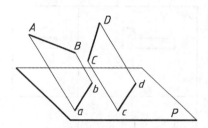

图 1-8　空间两直线不平行

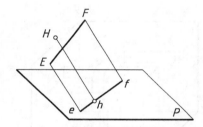

图 1-9　不属于直线上的点

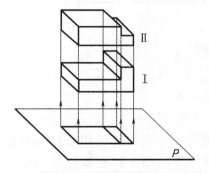

图 1-10　一个投影不能确定空间几何体

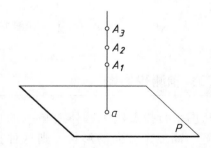

图 1-11　点的空间位置不能确定

第三节　工程上常用的投影图

工程上常用的投影图有正投影图、轴测投影图、标高投影图和透视投影图等。机械制造业用得最广泛的是正投影图，也常采用轴测投影图。

一、正投影图

用正投影法绘制的图样称为正投影图。

为了使物体的投影能反映其某一个方向的真实形状，通常总是使物体的主要平面平行于投影面，如图 1-12a 所示。但物体上垂直于投影面的平面，经投影后将积聚为直线，所以仅凭物体的一个投影尚不能表达整个物体的完整形状。为此，可设立多个投影面，并将物体分别向各个投影面进行投射，从而得到一组正投影图，以反映物体的完整形状。例如，在图 1-12 中，取三个互相垂直的投影面 V、H、W，使它们形成一个互为直角的三投影面体系。投射时，先使物体的主要平面尽量平行于各投影面，并将物体分别向三个投影面进行投射；然后，固定 V 面，将 H 面和 W 面分别绕它们与 V 面的交线旋转，直至与 V 面重合，如图 1-12b 所示。这样，按照一定关系组合在一起的三个投影就能表达整个物体的形状。

正投影图能反映物体的真实形状，绘制时度量方便，所以是工程界最常用的一种投影图。其缺点是立体感较差，看图时必须将几个投影互相对照，才能想象出物体的形状，因而没有学习过制图的人不易读懂。

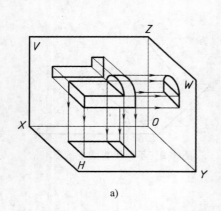

a)

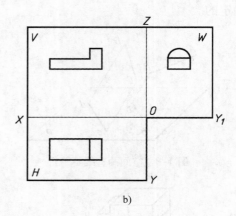

b)

图 1-12 物体的正投影

a）直观图 b）投影图

二、轴测投影图

利用平行投影法把物体向单一的投影面上投射时，如果所得的投影同时反映物体长、宽、高三个方向的形状，则这种投影图称为轴测投影图，简称轴测图，如图 1-13 所示。

根据正投影法绘制的轴测图称为正轴测图，根据斜投影法绘制的轴测图称为斜轴测图。

轴测图虽然能同时反映物体三个方向的形状，但不能同时反映各表面的真实形状和大小，所以度量性较差，绘制不便。轴测图以其良好的直观性，经常用作书籍、产品说明书中的插图或工程图样中的辅助图样。

9

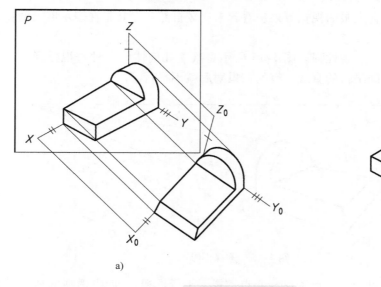

a)　　　　　　　　　　　　　　　　　b)

图 1-13　轴测投影

a）轴测投影的形成　b）轴测图

三、标高投影图

标高投影是用正投影法获得空间几何元素的投影之后，再用数字标出空间几何元素对投影面的距离，以在投影图上确定空间几何元素的几何关系。

图 1-14a 表示了某曲面标高投影的形成，图 1-14b 是其标高投影。图中一系列标有数字的曲线称为等高线。标高投影常用来表示不规则曲面，如船舶、飞行器和汽车的曲面以及地形等。

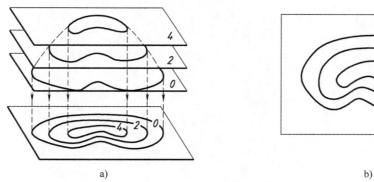

a)　　　　　　　　　　　　　　　　　b)

图 1-14　标高投影

a）曲面的标高投影的形成　b）曲面的标高投影

对于某些复杂的工程曲面，往往采用标高投影和正投影相结合的方法来表达。

四、透视投影图

透视投影（透视图）是根据中心投影法绘制的，它与照相成影的原理相似，图形接近于视觉映像。这种图符合人眼的视觉效果，看起来比较自然，尤其是在表示庞大的物体时更为优越。

透视图富有真实感、直观性强。图 1-15 所示是某一几何体的一种透视投影。由于采用了中心投影法，因此空间平行的直线，有的在投射后就不平行了。

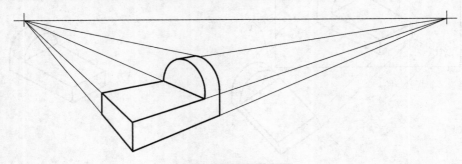

图 1-15　透视投影

透视图按主向灭点可分为一点透视（心点透视、平行透视）、两点透视（成角透视）和三点透视。

三点透视一般用于表现高大的建筑物或其他大型的产品设备。

透视投影广泛用于工艺美术及宣传广告图样。虽然它直观性强，但由于作图复杂且度量性差，故在工程上只用于土建工程及大型设备的辅助图样。若用计算机绘制透视图，则可避免复杂的人工作图过程。

第二章

点 和 直 线

任何物体的表面总是由点、线和面围成的。要画出物体的正投影图，必须研究组成物体的基本几何元素点、线、面的投影特性和画图方法。本章介绍点、直线的投影。若没有特殊说明时，后面所提到的"投影"均指正投影。

第一节　点　的　投　影

一、点在两投影面体系中的投影

由第一章的内容可知：根据点的一个投影，不能唯一地确定点的空间位置。因此，要确定一个空间点至少需要两个投影。在工程制图中通常选取相互垂直的两个或多个平面作为投影面，将几何形体向这些投影面作投影，形成多面投影。

（一）两投影面体系的建立

如图 2-1 所示，建立两个相互垂直的投影面 H、V，H 面是水平放置的，V 面是正对着观察者直立放置的，两投影面相交，交线为 OX。

H、V 两投影面组成两投影面体系，并将空间分成了四个部分，每一部分称为一个分角。它们在空间的排列顺序为 Ⅰ、Ⅱ、Ⅲ、Ⅳ，如图 2-1 所示。

我国的国家标准《技术制图》和《机械制图》规定将机件放在第 Ⅰ 分角进行投影，因此本书主要介绍第 Ⅰ 分角投影。

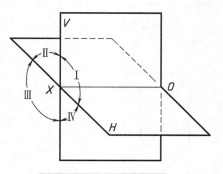

图 2-1　两投影面体系

（二）点的两面投影及其投影规律

1. 术语及规定

（1）术语　如图 2-2a 所示。

水平放置的投影面称为**水平投影面**，用 H 表示，简称 H 面。

正对着观察者且与水平投影面垂直的投影面称为**正立投影面**，用 V 表示，简称 V 面。

两投影面的交线称为**投影轴**。V 面与 H 面的交线用 OX 表示，称为 OX 轴。

空间点用大写字母（如 A、B…）表示。

在水平投影面上的投影称为**水平投影**，用相应的小写字母（如 a、$b\cdots$）表示。

在正立投影面上的投影称为**正面投影**，用相应的小写字母加一撇（如 a'、$b'\cdots$）表示。

（2）规定 图 2-2a 所示为点 A 在两投影面体系的投影直观图。空间点用空心小圆圈表示。

为了使点 A 的两个投影 a、a' 表示在同一平面上，规定 V 面保持不动，H 面绕 OX 轴按图示的方向旋转 $90°$ 与 V 面重合。这种旋转并摊平后的平面图形称为点 A 的投影图，如图 2-2b 所示。投影面的范围可以任意大，为了简化作图，通常在投影图上不画它们的界线，而只画出投影（a、a'）和投影轴（OX），如图 2-2c 所示。投影图上两个投影之间的连线（如 a、a' 的连线）称为投影连线。在投影图中，投影连线用细实线画出，点的投影用空心小圆圈表示。

2. 点的两面投影

设在第 I 分角内有一点 A，如图 2-2a 所示，由点 A 分别向 H 面和 V 面作垂线 Aa、Aa'，其垂足 a 称为空间点 A 的水平投影，垂足 a' 称为空间点 A 的正面投影。如果移去点 A，过水平投影 a 和正面投影 a' 分别作 H 面和 V 面的垂线 aA 和 $a'A$，则两垂线必交于点 A。因此，**根据空间一点的两面投影，可以唯一地确定空间点的位置。**

通常采用图 2-2c 所示的两面投影图来表示空间的几何原形。

3. 点的投影规律

1）**点 A 的正面投影 a' 和水平投影 a 的连线必垂直于 OX 轴，即 $aa' \perp OX$。**

在图 2-2a 中，垂线 Aa 和 Aa' 构成了一个平面 Aaa_Xa'，它既垂直于 H 面，也垂直于 V 面，因此必垂直于 H 面和 V 面的交线 OX。所以，平面 Aaa_Xa' 上的直线 aa_X 和 $a'a_X$ 必垂直于 OX，即 $aa_X \perp OX$，$a'a_X \perp OX$。当 a 随 H 面旋转至与 V 面重合时，$aa_X \perp OX$ 的关系不变。因此，投影图上的 a、a_X、a' 三点共线，且 $aa' \perp OX$。

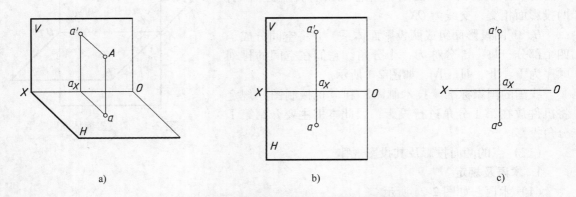

a)   b)   c)

图 2-2 两投影面体系第 I 分角中点的投影图

2）**点 A 的正面投影 a' 到 OX 轴的距离等于点 A 到 H 面的距离，即 $a'a_X = Aa$；其水平投影 a 到 OX 轴的距离等于点 A 到 V 面的距离，即 $aa_X = Aa'$。**

由图 2-2a 可知，Aaa_Xa' 为一矩形，其对边相等，所以 $a'a_X = Aa$，$aa_X = Aa'$。

（三）点在两投影面体系中各种位置的投影

空间点在两投影面体系中的各种位置概括起来有三种情况：① 点在各分角内；② 点在投影面内；③ 点在投影轴上。

1. 其他分角内点的投影

图 2-3 所示为 A、B、C、D 四点分别位于 Ⅰ、Ⅱ、Ⅲ、Ⅳ 分角中的投影直观图和投影图。

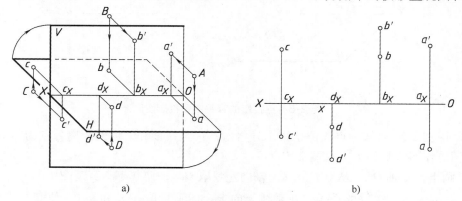

a)　　　　　　　　　　　　　　b)

图2-3　各分角中点的投影

从投影图中可以见到，各点的投影完全符合点的投影规律，但由于投影面展开时，规定 V 面不动，H 面的前一半向下旋转与 V 面的下一半重合，后一半向上旋转与 V 面的上一半重合。因此，位于不同分角内点的两面投影对 OX 轴的位置也各不相同，具体分布情况以及投影特点，读者可根据直观图和投影图自行分析。

2. 特殊位置点的投影

在特殊情况下，点也可以位于投影面上和投影轴上。

（1）投影面上点的投影　如图 2-4 所示，点 A 和点 B 分别在 V 面和 H 面内。其投影图特点如下：

1）**点的一个投影在 OX 轴上。**

2）**点的另一个投影与空间点本身重合。**

（2）投影轴上点的投影　如图 2-4 所示，点 C 在 OX 轴上。其投影图特点如下：

点的两个投影均与空间点重合在 OX 轴上。

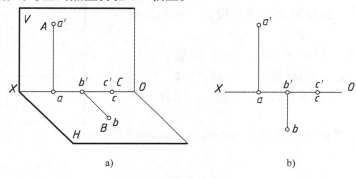

a)　　　　　　　　　　　　　　b)

图2-4　特殊位置点的投影

例 2-1 如图 2-5a 所示，根据点 A 的直观图，画出其投影图。

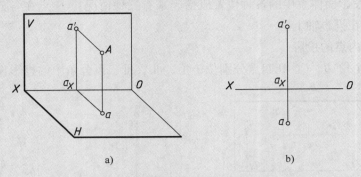

a)   b)

图 2-5 点投影的直观图和投影图

解 由图 2-5a 可知，点 A 位于第 I 分角内，它对 H 面和 V 面的距离分别为 Aa 和 Aa'。该投影图的作图步骤如下（见图 2-5b）：

1）画出投影轴 OX，从点 O 沿 OX 轴向左量取 Oa_X，使其等于直观图中的 Oa_X。

2）过 a_X 点作 OX 轴的垂线，在垂线上向上、向下量取 $a'a_X$ 和 aa_X，使其与直观图中的 $a'a_X$ 和 aa_X 对应相等。a、a' 即为点 A 的水平投影和正面投影。

二、点在三投影面体系中的投影

点的两个投影虽已能确定点在空间的位置，但在表达复杂的形体或解决某些空间几何关系问题时，还常需采用三个投影图或更多的投影图。

（一）三投影面体系的建立

由于三投影面体系是在两投影面体系的基础上发展而成的，因此两投影面体系中的术语、规定及投影规律，在三投影面体系中仍然适用。此外，它还有些术语、规定和投影规律。

1. 术语

与水平投影面和正立投影面同时垂直的投影面称为**侧立投影面**，用 W 表示，简称 W 面。

在侧立投影面上的投影称为**侧面投影**，用小写字母加两撇（如 a''、$b''\cdots$）表示。

H 面和 W 面的交线用 OY 表示，称为 OY 轴。

V 面与 W 面的交线用 OZ 表示，称为 OZ 轴。

三投影轴垂直相交的交点用 O 表示，称为**投影原点**。

H、V、W 三投影面将空间分为八个分角，其排列顺序如图 2-6 所示。

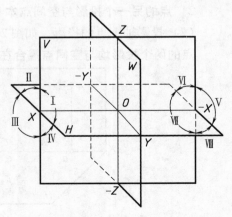

图 2-6 三投影面体系

2. 规定

投影面展开时，仍规定 V 面保持不动，W 面绕 OZ 轴向右旋转 $90°$ 与 V 面重合。OY 轴随 H 面向下转动的用 OY_H 表示，称为 OY_H 轴，随 W 面向右转动的用 OY_W 表示，称为 OY_W 轴，如图 2-7b 所示。

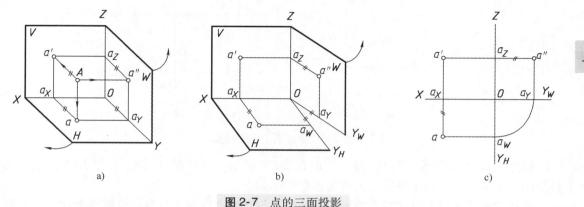

图 2-7 点的三面投影

（二）点的三面投影及其投影规律

1. 点的三面投影

我们仍重点介绍点在第 Ⅰ 分角内的投影。

如图 2-7a 所示，设第 Ⅰ 分角内有一点 A，自点 A 分别向 H、V、W 面作垂线 Aa、Aa'、Aa''，其垂足 a、a'、a'' 即为点 A 在三个投影面上的投影。

将三个投影面按规定展开（见图 2-7b），展成同一平面并取消投影面边界线后，就得到点 A 的三面投影图，如图 2-7c 所示。必须明确，OY_H 与 OY_W 在空间是指同一投影轴。

2. 点的投影规律

图 2-7 所示的三投影面体系可看成是两个互相垂直的两投影面体系，一个是由 V 面和 H 面组成，另一个由 V 面和 W 面组成。根据前述的两投影面体系中点的投影规律，便可得出点在三投影面体系中的投影规律：

1）**点 A 的正面投影 a' 和水平投影 a 的连线垂直于 OX 轴，即 $aa' \perp OX$。**

2）**点 A 的正面投影 a' 和侧面投影 a'' 的连线垂直于 OZ 轴，即 $a'a'' \perp OZ$。**

3）**点 A 的水平投影 a 到 OX 轴的距离 aa_X 及点 A 的侧面投影 a'' 到 OZ 轴的距离 $a''a_Z$ 相等，均反映点 A 到 V 面的距离，即 $aa_X = a''a_Z$，如图 2-7a 所示。**

当点位于三投影面体系中的其他分角内时，这些基本规律同样适用。只是位于不同分角内的点的三面投影对投影轴的位置各不相同。具体分布情况以及投影特点，读者可自行分析。

（三）投影面和投影轴上点的投影

如图 2-8a 所示，点 A 在 V 面上，点 B 在 H 面上，点 C 在 W 面上；图 2-8b 所示是其投影图，从图中可以看出投影面上点的投影规律如下：

点在所在的投影面上的投影与空间点重合，在另外两个投影面上的投影分别在相应的投影轴上。

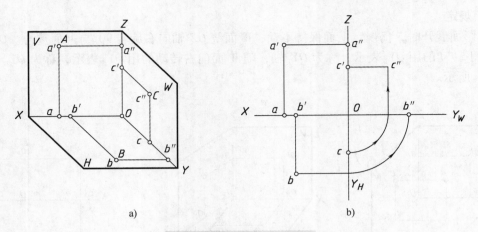

a)　　　　　　　　　b)

图 2-8　投影面上点的投影

如图 2-9a 所示，点 A 在 OX 轴上，点 B 在 OZ 轴上，点 C 在 OY 轴上；图 2-9b 所示是其投影图，从图中可以看出投影轴上点的投影规律如下：

点在包含这条投影轴的两个投影面上的投影与空间点重合，在另一投影面上的投影与投影原点重合。

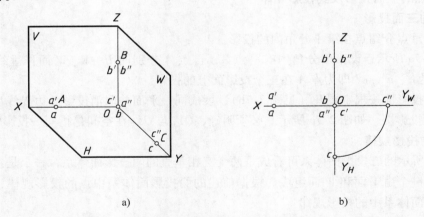

a)　　　　　　　　　b)

图 2-9　投影轴上点的投影

（四）点的投影与直角坐标

如图 2-10a 所示，如果把三投影面体系看作空间直角坐标系，三投影面为直角坐标面，投影轴为坐标轴，投影原点为坐标原点，则空间点 A 到三个投影面的距离可用它的直角坐标 (x, y, z) 表示。空间点 A 到 W 面的距离就是点 A 的 x 坐标，空间点 A 到 V 面的距离就是点 A 的 y 坐标，空间点 A 到 H 面的距离就是点 A 的 z 坐标。

由于空间点 A 的位置可由它的坐标值 (x, y, z) 唯一地确定，因而点 A 的三个投影也完全可用坐标确定，两者之间的关系如下：

水平投影 a 可由 x、y 两坐标确定。

正面投影 a' 可由 x、z 两坐标确定。

侧面投影 a'' 可由 y、z 两坐标确定。

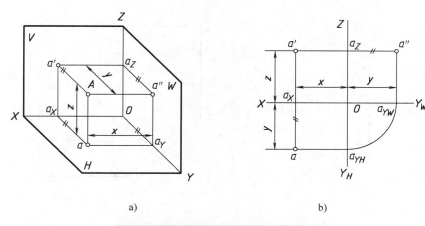

a)   b)

图 2-10　点的投影与直角坐标的关系

由上述可知，点的任意两个投影都反映点的三个坐标值。因此，若已知点的任意两个投影，就必能作出其第三投影。

在三投影面体系中，原点 O 把每一坐标轴分成正负两部分，规定 OX、OY、OZ 从原点 O 分别向左、向前、向上为正，反之为负。

例 2-2　已知点 A 的正面投影 a' 和侧面投影 a''（见图 2-11a），试求其水平投影 a。

解　如图 2-11b 所示，作图步骤如下：

1）过点 a' 作 OX 轴的垂线，点 A 的水平投影一定在此垂线上。

2）过点 a'' 作 OY_W 轴的垂线，垂足为 a_{YW}，再以 O 点为圆心、Oa_{YW} 为半径画弧，与 OY_H 轴交于 a_{YH}，然后由点 a_{YH} 作 OX 轴的平行线。

3）OX 轴的垂线与平行线的交点 a 即为点 A 的水平投影。

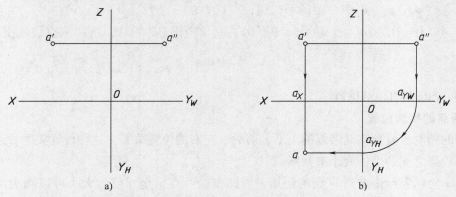

a)   b)

图 2-11　点的投影作图

例 2-3　已知空间点 D 的坐标（15，10，20），试作其投影图和直观图。

解　由于点 D 的三坐标值已知，且均为正值，故点 D 在第 I 分角内。

（1）投影图的作法　如图 2-12a 所示。

17

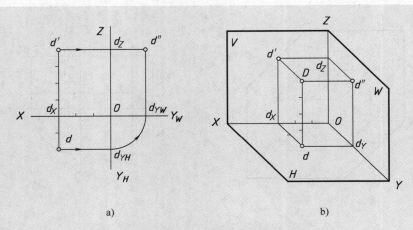

a)

b)

图2-12 按坐标作投影图及直观图

1）画出投影轴并加以标记，自 O 点向左沿 OX 轴量取 $x=15$，得 d_X。

2）过 d_X 作 OX 轴的垂线，自 d_X 向下量取 $y=10$，得点 d，自 d_X 向上量取 $z=20$，得点 d'。d、d' 即为点 D 的水平投影和正面投影。

3）自 d' 向 OZ 轴作垂线并与 OZ 轴交于点 d_Z，再由 d_Z 沿此垂线向右量取 $y=10$，得点 d''，即为点 D 的侧面投影。也可以根据 d、d' 作出侧面投影，即自 d 作直线平行于 OX 轴，并与 OY_H 相交于点 d_{YH}，再以点 O 为圆心、Od_{YH} 为半径画弧与 OY_W 轴相交于 d_{YW}，再由 d_{YW} 作 OY_W 轴的垂线并与 $d'd_Z$ 的延长线相交，得点 d''，如图 2-12a 所示。

（2）直观图的作法　如图 2-12b 所示。

1）画出坐标平面。将 V 面画成矩形，H、W 面画成 45°的平行四边形。

2）根据投影图中的坐标值，按 1∶1 的比例沿各轴量取 x、y、z 尺寸得 d_X、d_Y、d_Z。

3）通过 d_X、d_Y、d_Z 引各轴的平行线，得点 D 的三个投影 d、d'、d''。

4）过 d 作 $dD \parallel OZ$，过 d' 作 $d'D \parallel OY$，过 d'' 作 $d''D \parallel OX$，所作三直线的交点即为 D 点。

（五）空间点的相对位置

1. 两点的相对位置

两点的相对位置指空间两点的上下、前后、左右的位置关系。这种位置关系可通过两点的各同面投影之间的坐标大小来判断。

点的 x 坐标表示该点到 W 面的距离，因此根据两点 x 坐标值的大小可以判别两点的左右位置；同理，根据两点的 z 坐标值的大小可以判别两点的上下位置，根据两点的 y 坐标值的大小可以判别两点的前后位置。

如图 2-13 所示，点 B 的 x 坐标和 y 坐标均小于点 A 的相应坐标，点 B 的 z 坐标大于点 A 的 z 坐标，所以点 B 在点 A 的右、后、上方。

2. 重影点

当空间两点有两个坐标相同，即空间两点处于同一投射线上时，则它们在与该投射线垂

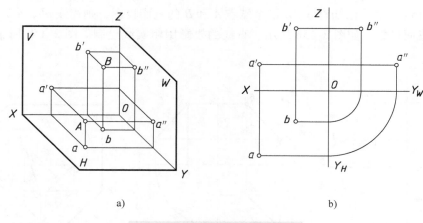

a)   b)

图 2-13 空间两点的相对位置

直的投影面上的投影重合，这两点称为对该投影面的**重影点**。

如图 2-14 所示，点 A 与点 B 在垂直于 H 面的同一条投射线上，故其水平投影 a 与 b 重合，这两点是**对 H 面的重影点**。

当两点为某投影面的重影点时，规定"前遮后，左遮右，上遮下"，距投影面距离近的一点是不可见的。不可见点在该投影面上的投影加括号表示。

如图 2-14 所示，点 A 较点 B 为高，故点 B 被点 A 遮挡，因此水平投影 b 不可见，正面投影 b' 可见。同理，点 C 与点 D 为对 V 面的重影点，因点 C 距 V 面近，被点 D 遮挡，故点 C 的正面投影 c' 不可见，其水平投影 c 可见。

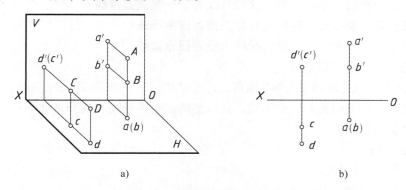

a)   b)

图 2-14 重影点

第二节 各种位置直线

一、直线的投影

直线的投影一般仍为直线。任何直线都可由该直线上的任意两点（或由直线上的一点以及该直线的方向）所确定，所以要作直线的投影图时，只需作出直线上任意两点（通常取线段的两个端点）的投影，然后用直线连接这两点的同面投影，即是直线的三面投影图。

如图 2-15a 所示，已知直线 AB 两个端点 A 和 B 的三面投影，则连线 ab、a'b'、a"b"就是直线 AB 的三面投影，如图 2-15b 所示。直线的投影用粗实线绘制。图 2- 15c 所示是它的直观图。

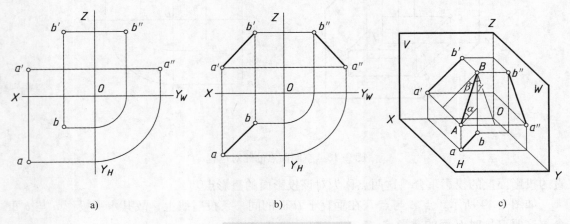

a)　　　　　　　　　　　　b)　　　　　　　　　　　　c)

图 2-15　直线的投影

二、直线对投影面的相对位置

在三投影面体系中，直线对投影面的相对位置有以下三种情况：

直线对三个投影面都是倾斜的，这种直线称为**一般位置直线**。

直线平行于某一投影面，这种直线称为**投影面平行线**。

直线垂直于某一投影面，这种直线称为**投影面垂直线**。

后两类统称为**特殊位置直线**。

空间直线与投影面之间的夹角称为倾角，直线对 H、V、W 面的倾角分别用 α、β、γ 表示。

由于直线对投影面的相对位置不同，其投影特点也不相同，现分述如下：

（一）特殊位置直线

1. 投影面平行线

投影面平行线有三种：

平行于 H 面的直线，称为**水平线**。

平行于 V 面的直线，称为**正平线**。

平行于 W 面的直线，称为**侧平线**。

以水平线为例，如图 2-16 所示，因 AB∥H 面，$\alpha = 0°$，故直线上各点与 H 面的距离都相同，即各点都有相同的 z 坐标。因此，水平线的投影具有下列特点：

1）水平线的水平投影反映线段的实长，即 $ab = AB$。

2）水平线的正面投影和侧面投影分别平行于相应的投影轴，即 $a'b' \parallel OX$，$a"b" \parallel OY_W$。

3）水平线的水平投影反映与另外两个投影面的倾角，即 ab 与 OX 轴的夹角反映该直线对 V 面的倾角 β，与 OY_H 轴的夹角反映该直线对 W 面的倾角 γ。

对于正平线和侧平线，也可做同样的分析而得到类似的投影特点，见表 2-1。

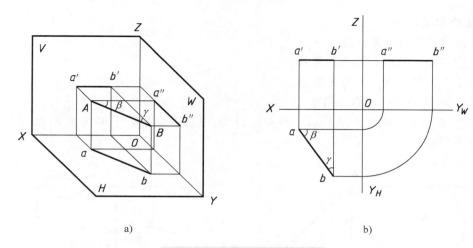

a)   b)

图 2-16　水平线的三面投影图

表 2-1　正平线和侧平线的投影特点

直线的位置	正 平 线	侧 平 线
直观图		
投影图		
投影特点	1. $a'b' = AB$ 2. $ab \parallel OX$，$a''b'' \parallel OZ$ 3. 反映 α、γ 角	1. $a''b'' = AB$ 2. $ab \parallel OY_H$，$a'b' \parallel OZ$ 3. 反映 α、β 角
	1. 直线在所平行的投影面上的投影，反映该线段的实长和对另外两个投影面的倾角 2. 直线在另外两个投影面上的投影分别平行于相应的投影轴，且都小于该线段的实长	

2. 投影面垂直线

投影面垂直线可分为三种：

垂直于 H 面的直线，称为**铅垂线**。

垂直于 V 面的直线，称为**正垂线**。

垂直于 W 面的直线，称为**侧垂线**。

以铅垂线为例，如图 2-17 所示，因 $AB \perp H$ 面，故 AB 必平行于 V 面和 W 面。因此，铅垂线具有下列投影特点：

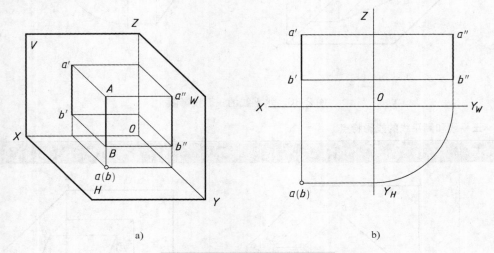

图 2-17　铅垂线的三面投影图

1）铅垂线的水平投影积聚成一点。

2）铅垂线的正面投影和侧面投影分别垂直于相应的投影轴，即 $a'b' \perp OX$，$a''b'' \perp OY_W$。

3）铅垂线的正面投影和侧面投影反映线段的实长，即 $a'b' = AB$，$a''b'' = AB$。

对于正垂线和侧垂线，也可做同样的分析而得到类似的投影特点，见表 2-2。

表 2-2　正垂线和侧垂线的投影特点

直线的位置	正 垂 线	侧 垂 线
直观图	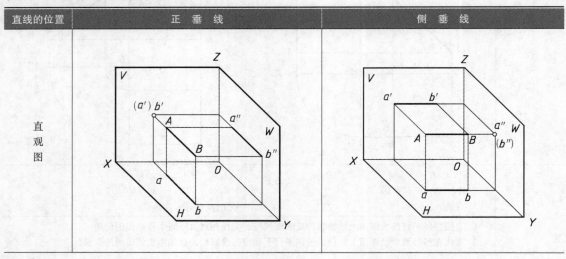	

（续）

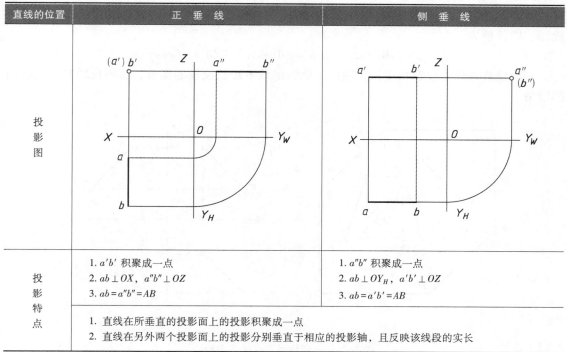

直线的位置	正 垂 线	侧 垂 线
投影图		
投影特点	1. $a'b'$ 积聚成一点 2. $ab \perp OX$，$a''b'' \perp OZ$ 3. $ab = a''b'' = AB$	1. $a''b''$ 积聚成一点 2. $ab \perp OY_H$，$a'b' \perp OZ$ 3. $ab = a'b' = AB$
	1. 直线在所垂直的投影面上的投影积聚成一点 2. 直线在另外两个投影面上的投影分别垂直于相应的投影轴，且反映该线段的实长	

3. 投影面内直线

1）投影面内直线是上述两类直线的特殊情况。它具有投影面平行线或垂直线的投影特点。其特殊的特点：**在所在投影面的投影与直线本身重合，另外两个投影面的投影分别在相应的投影轴上。**

图 2-18 所示为一 V 面内的正平线 AB，其正面投影 $a'b'$ 与直线 AB 重合，水平投影 ab 和侧面投影 $a''b''$ 分别在 OX 轴与 OZ 轴上。

图 2-19 所示为一 V 面内的铅垂线 CD，其正面投影 $c'd'$ 与直线 CD 重合，水平投影 cd 积聚成一点并在 OX 轴上，侧面投影 $c''d''$ 反映实长，并在 OZ 轴上。

2）投影轴上直线是更特殊的情况。这类直线必定是投影面的垂直线。其特殊的特点：**有两个投影与直线本身重合，另一投影积聚在原点上。**图 2-20 所示为 OX 轴上的直线 EF 的投影。

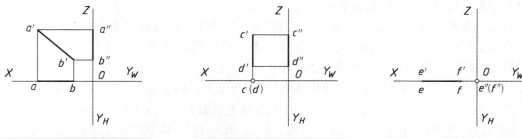

图 2-18 V 面内的正平线　　　图 2-19 V 面内的铅垂线　　　图 2-20 OX 轴上的直线

（二）一般位置直线

图 2-21 所示为一般位置直线 AB，其对 H、V、W 面的倾角为 α、β、γ，则直线 AB 的各投影长度分别为

$$ab = AB\cos\alpha, \qquad a'b' = AB\cos\beta, \qquad a''b'' = AB\cos\gamma$$

一般位置直线的投影特点：**直线的三个投影均不反映线段的实长，也不反映其对投影面的倾角。**

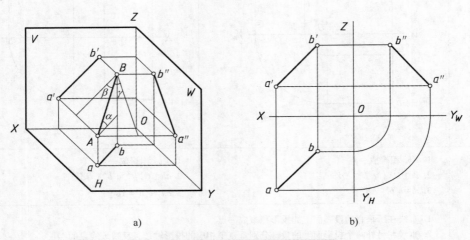

a)　　　　　　　　　　b)

图 2-21　一般位置直线的三面投影

第三节　一般位置线段的实长及其对投影面的倾角

由上节所述内容可知，特殊位置直线的投影能直接反映该线段的实长和对投影面的倾角，而一般位置线段的投影则不能。但是，一般位置线段的两个投影已完全确定它的空间位置和线段上各点间的相对位置，因此可在投影图上用图解法求出该线段的实长和对投影面的倾角。

图 2-22a 所示为一般位置线段 AB 的直观图。现分析线段及其投影之间的关系，以寻求解决问题的图解方法。图中过点 A 作 $AC \parallel ab$，构成直角三角形 ABC。该直角三角形的一直角边 $AC = ab$（即线段 AB 的水平投影），另一直角边 $BC = Bb - Aa = z_B - z_A$（即线段 AB 的两端点的 z 坐标差）。由于两直角边的长度在投影图上均已知，因此可以作出这个直角三角形，从而求得空间线段 AB 的实长和倾角 α 的大小。

直角三角形可在投影图上任何空白位置作出，但为了作图简便准确，一般常利用投影图上已有的图线作为其中的一条直角边。具体作图如图 2-22b、c 所示。

1. 以 ab 为一直角边在水平投影上作图

1）过 a' 作 OX 轴的平行线与投影线 bb' 交于 c'，$b'c' = z_B - z_A$。

2）过 b（或 a）点作 ab 的垂线，并在此垂线上量取 $bB_0 = b'c' = z_B - z_A$。

3）连接 aB_0 即可作出直角三角形 abB_0。斜边 aB_0 为线段 AB 的实长，$\angle baB_0$ 即为线段 AB 对 H 面的倾角 α。

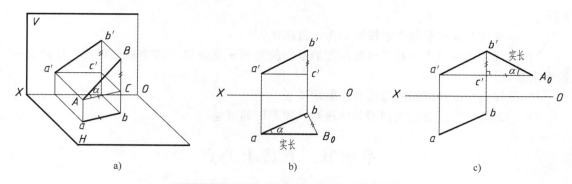

a)　　　　　　　　　b)　　　　　　　　　c)

图 2-22　求一般位置线段的实长及倾角 α

2. 利用 z 坐标差值在正面投影上作图

1）过 a' 作 OX 轴的平行线与投影线 bb' 交于 c'，$b'c'=z_B-z_A$。

2）自 c' 在平行线上量取 $c'A_0=ab$，得点 A_0。

3）连接 $b'A_0$ 作出直角三角形 $b'c'A_0$。斜边 $b'A_0$ 为线段 AB 的实长，$\angle c'A_0b'$ 即为线段 AB 对 H 面的倾角 α。

显然这两种方法所作的两个直角三角形是全等的。

图 2-23a 说明了求线段 AB 的实长及倾角 β 的空间关系。作线段 $BD /\!/ a'b'$，构成直角三角形 ABD。一直角边 $BD=a'b'$，另一直角边 $AD=Aa'-Bb'=y_A-y_B$（即线段 AB 的两端点的 y 坐标差）。

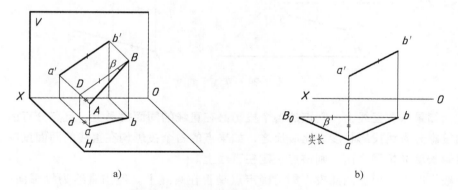

a)　　　　　　　　　　　　　　b)

图 2-23　求一般位置线段的实长及倾角 β

如图 2-23b 所示，作图步骤如下：

1）作 $bd /\!/ OX$，得 ad，$ad=y_A-y_B$。

2）在 bd 延长线上量取 $dB_0=a'b'$，得 B_0。

3）连接 aB_0 作出直角三角形 adB_0。斜边 aB_0 为线段 AB 的实长，$\angle aB_0d$ 即为线段 AB 对 V 面的倾角 β。

同理，利用线段的侧面投影和两端点的 x 坐标差作直角三角形，可求出线段的实长和对 W 面的倾角 γ。

上述利用作直角三角形求线段实长和倾角的方法，称为直角三角形法。其作图要领归结

如下:

1) 以线段在某投影面上的投影长为一直角边。

2) 以线段的两端点相对于该投影面的坐标差为另一直角边（该坐标差可在线段的另一投影上量得）。

3) 所作直角三角形的斜边即为线段的实长。

4) 斜边与线段投影的夹角即为线段对该投影面的倾角。

第四节 直线上的点

一、直线上的点

如图 2-24 所示，点 C 位于直线 AB 上，根据平行投影的基本性质，则点 C 的水平投影 c 必在直线 AB 的水平投影 ab 上，正面投影 c' 必在直线 AB 的正面投影 $a'b'$ 上，侧面投影 c'' 必在直线 AB 的侧面投影 $a''b''$ 上（图中没有示出），而且 $AC:CB = ac:cb = a'c':c'b' = a''c'':c''b''$（图中没有示出）。

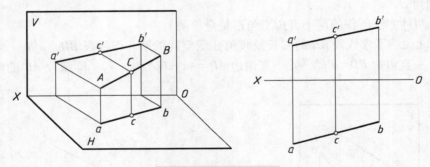

图 2-24 直线上的点

因此，如果点在直线上，则点的各个投影必在直线的同面投影上，且点分直线长度之比等于点的投影分直线投影长度之比。反之，如果点的各个投影均在直线的同面投影上，且分直线各投影长度成相同之比，则该点一定在直线上。

在一般情况下，根据两面投影即可确定点是否在直线上。但当直线为投影面的平行线，仅知点的两投影位于该直线所不平行的两投影面的投影上时，仍不能判定点是否在直线上，还需观察第三个投影或用辅助作图才能确定。

如图 2-25a 所示，点 C 的水平投影和正面投影虽然在侧平线 AB 的同面投影上，但点 C 的投影是否分直线的各同面投影成同一比例，在图中不能明确地反映出来。这时可作出它们的侧面投影来判断，如图 2-25b 所示，由于点 C 的侧面投影 c'' 不在直线 AB 的侧面投影 $a''b''$ 上，因此可以判定点 C 不在直线 AB 上。或者，如图 2-25c 所示，按初等几何中用平行线截取比例线段的方法（即定比分割）来判断，过 a 引一任意直线，并在直线上取两点 B_1、C_1，使得 $aB_1 = a'b'$、$aC_1 = a'c'$；然后连接 bB_1，再过 C_1 引 bB_1 的平行线交 ab 于 c_1。由于 cc_1 不重合，即 $ac:cb \neq a'c':c'b'$，因此也可判定点 C 不在直线 AB 上。

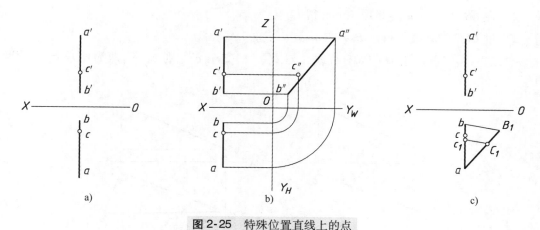

图 2-25 特殊位置直线上的点

例 2-4 如图 2-26a 所示，已知直线 AB 的投影图，试在直线上求一点 C，使其分 AB 成 $2 : 3$ 两段。

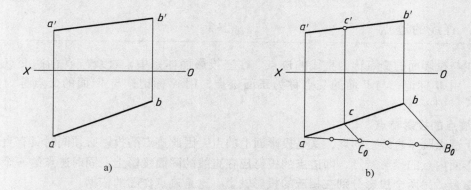

图 2-26 点分割直线成定比

解 用初等几何中平行线截取比例线段的方法即可确定点 C。

作图步骤如下（见图 2-26b）：

1）将直线 AB 的一个投影，如 ab 分成 $2 : 3$，定出分点 c。

2）过点 c 作垂直于 OX 轴的直线，与 $a'b'$ 相交于 c'，则 c、c' 即为所求点 C 的两投影。

例 2-5 在已知直线 AB 上取一点 C，使 $AC = 15\text{mm}$，求作点 C。

解 所求点 C 的投影在直线 AB 的同面投影上，且点 C 分直线 AB 所成两线段长度之比等于其投影长度之比。同时，由于已知线段 AC 的实长，所以首先必须作出线段 AB 的实长。

作图步骤如下（见图 2-27b）：

1）用直角三角形法求出线段 AB 的实长（aB_0）。

2）在 aB_0 上，自 a 点量取 15mm 得 C_0 点。

3）过 C_0 点作直线平行于 B_0b 交 ab 于 c 点。

4）过 c 点作垂直于 OX 轴的直线，与 $a'b'$ 相交于 c'，则 c、c' 即为所求点 C 的两投影。

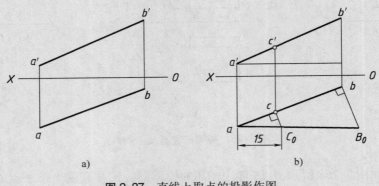

图 2-27　直线上取点的投影作图

二、直线的迹点

直线与投影面的交点称为直线的**迹点**。在三投影面体系中，直线与 H 面的交点称为**水平迹点**，用 M 标记；与 V 面的交点称为**正面迹点**，用 N 标记；与 W 面的交点称为**侧面迹点**，用 S 标记。

1. 迹点的投影特点

由于迹点既是直线上的点，又是投影面上的点，因此迹点的投影必须同时具有直线上的点和投影面内点的投影特点，即**迹点的投影应在直线的同面投影上，同时迹点的一个投影与其本身重合，另两个投影分别在相应的投影轴上**。这是迹点作图的依据。

2. 迹点的求法

（1）水平迹点的求法　如图 2-28a 所示，因为水平迹点 M 位于直线 AB 上和 H 面内，所以点 M 的水平投影 m 必在 ab 上，正面投影 m' 必在 $a'b'$ 上。又因点 M 在 H 面内，所以其水平投影 m 与点 M 本身重合，其正面投影 m' 必在 OX 轴上。

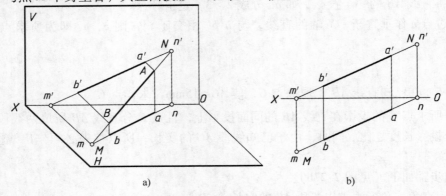

图 2-28　直线迹点的作图

水平迹点的投影作法如下（见图 2-28b）：

1）延长直线 AB 的正面投影 a'b' 与 OX 轴相交，得交点 m'。

2）自 m' 引 OX 轴的垂线，与 ab 的延长线相交，得交点 m。

（2）正面迹点的求法　正面迹点的求法如图 2-28a 所示，因为正面迹点 N 在直线 AB 上，故其正面投影 n' 在 a'b' 上，水平投影 n 必在 ab 上。又因点 N 在 V 面上，故 n' 必与点 N 重合，n 必在 OX 轴上。

正面迹点的投影作法如下（见图 2-28b）：

1）延长直线 AB 的水平投影 ab 与 OX 轴相交，得交点 n。

2）自 n 引 OX 轴的垂线，与直线的正面投影 a'b' 的延长线相交，得交点 n'。

关于侧面迹点 S 的求法，读者可根据侧面迹点的投影特点自行研究。

当直线与某一投影面平行时，则直线在该投影面上没有迹点。因此，在三投影面体系中，一般位置直线有三个迹点，投影面平行线只有两个迹点，投影面垂直线只有一个迹点。

第五节　两直线的相对位置

两直线在空间的相对位置有平行、相交、交叉三种。其中，平行、相交两直线是属于同一平面内的直线，交叉两直线是异面直线。

一、平行两直线

根据平行投影的基本特性，**如果空间两直线互相平行，则此两直线的各组同面投影必互相平行，且两直线各组同面投影长度之比等于两直线长度之比。反之，如果两直线的各组同面投影都互相平行，且各组同面投影长度之比相等，则此两直线在空间一定互相平行。**

如图 2-29 所示，设两直线 $AB /\!/ CD$，当它们分别向 H 面投影时，两个平面 ABba 和 CDdc 互相平行，所以 $ab /\!/ cd$；同理，$a'b' /\!/ c'd'$，$a''b'' /\!/ c''d''$。因为 $AB /\!/ CD$，所以 AB、CD 与 H 面的夹角 α 相等；于是 $ab = AB\cos\alpha$、$cd = CD\cos\alpha$，可得 $ab : cd = AB : CD$。同理，$a'b' : c'd' = a''b'' : c''d'' = AB : CD$。

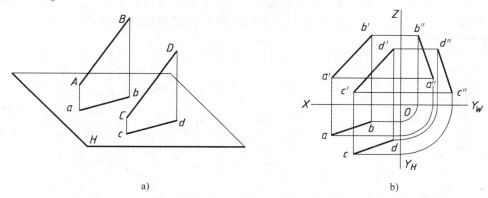

a)　　　　　　　　　　　　　　　b)

图 2-29　平行两直线的投影

对于一般位置直线，如果有两组同面投影互相平行，则可以断定这两条直线在空间是互相平行的。而对于投影面的平行线，通常不能根据两组同面投影互相平行来断定它们在空间是否互相平行。如图 2-30 所示的侧平线 AB 和 CD，其正面投影和水平投影是互相平行的，它们在空间是否平行还要看侧面投影是否平行。图中 a''b'' 不平行于 c''d''，故 AB 与 CD 是两交叉直线。在图 2-30 中，如果不求出侧面投影，根据平行两直线的长度之比等于该两直线同面投影长度之比，也可断定此两直线是否平行。如果 AB // CD，则 AB : CD = ab : cd = a'b' : c'd'，由图 2-31 可以看出，ab : cd ≠ a'b' : c'd'，即不符合上述比例关系，故 AB 不平行于 CD。

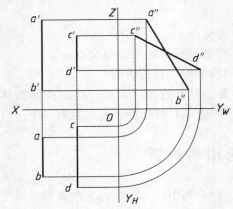
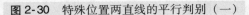

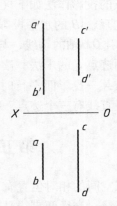

图 2-30　特殊位置两直线的平行判别（一）　　图 2-31　特殊位置两直线的平行判别（二）

二、相交两直线

如果空间两直线相交，则它们的各组同面投影一定相交，且交点的投影必符合点的投影规律。反之，如果两直线的各组同面投影都相交，且投影的交点符合点的投影规律，则该两直线在空间一定相交。

如图 2-32 所示，空间两直线 AB 和 CD 相交于点 K。由于点 K 既在直线 AB 上又在直线 CD 上，是两直线的共有点，因此点 K 的水平投影 k 一定是 ab 与 cd 的交点，正面投影 k' 一定是 a'b' 与 c'd' 的交点，侧面投影 k'' 一定是 a''b'' 与 c''d'' 的交点。因为 k、k'、k'' 是点 K 的三面投影，所以它们必然符合点的投影规律。根据点分线段之比投影后保持不变的原理，由于

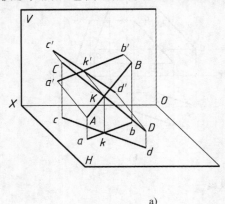

a)　　　　　　　　　　　b)

图 2-32　相交两直线的投影

$ak : kb = a'k' : k'b' = a''k'' : k''b''$，故点 K 是直线 AB 上的点。又由于 $ck : kd = c'k' : k'd' = c''k'' : k''d''$，故点 K 是直线 CD 上的点。由于点 K 是直线 AB 和直线 CD 上的点，即是两直线的交点，因此两直线 AB 和 CD 相交。

对于一般位置直线，如果有两组同面投影相交，且交点符合点的投影规律，则可以断定这两条直线在空间是相交的。但是，如果两直线中有一条直线平行于某一投影面，则必须根据此两直线中在该投影面的投影是否相交，以及交点是否符合点的投影规律来进行判别。也可以利用定比分割的性质进行判别。

如图 2-33 所示，CD 为一般位置直线，而 AB 为侧平线，仅根据其正面投影和水平投影相交还无法断定两直线在空间是否相交。此时可用下述两种方法判别。

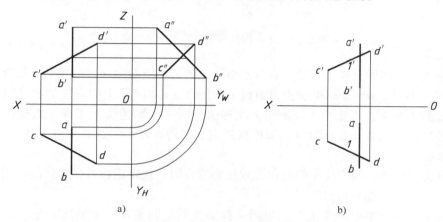

图 2-33 交叉两直线的投影

1. 利用第三面投影判别

由图 2-33a 可知，求出两直线的侧面投影后可看出，其侧面投影的交点与它们的正面投影的交点不在同一垂直于 OZ 轴的直线上，所以两直线 AB 和 CD 不相交。

2. 利用定比分割的性质判别

由图 2-33b 可以看出，$a'1' : 1'b' \neq a1 : 1b$，因此点 I 不是交点，两直线 AB 和 CD 在空间不相交。

三、交叉两直线

在空间既不平行也不相交的两直线称为交叉直线。交叉两直线的投影不具备平行或相交两直线的投影特点。

交叉两直线的三组同面投影决不会同时都互相平行，但可以在一个或两个投影面上的投影互相平行。交叉两直线的三组同面投影虽然都可以相交，但其交点决不符合点的投影规律。因此，**如果两直线的投影既不符合平行两直线的投影特点，也不符合相交两直线的投影特点，则此两直线在空间一定交叉。** 图 2-30 和图 2-33 所示都为交叉两直线。应该指出的是，对于一般位置两直线，只需两组同面投影就可以判别是否为交叉两直线，如图 2-34 所示。

如前所述，交叉两直线虽然在空间并不相交，但其同面投影往往相交，这些同面投影的

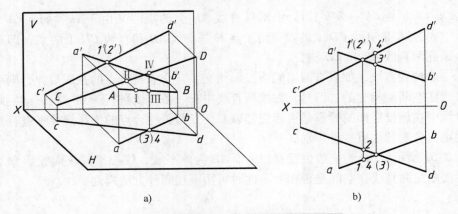

图 2-34　交叉两直线的投影及其重影点

交点，实际上是空间甲直线上的某一点与乙直线上的某一点沿同一方向投射时其投影的重合点。如在图 2-34 中，*ab* 和 *cd* 的交点是直线 *AB* 上的点Ⅲ和 *CD* 上的点Ⅳ的水平投影，而它们的正面投影 3′和 4′并不重合。投影图上这种位于同一投影连线上而有一组投影重合的两点，称为**重影点**。点Ⅲ和点Ⅳ为**对 H 面的重影点**。同理，点Ⅰ和点Ⅱ是直线 *AB* 和 *CD* 上**对 V 面的重影点**。

为了使图形清晰，当空间不同几何元素投影重合时，规定用符号或不同的线型在投影重合处将可见与不可见部分加以区分。

可见性的判别可根据两个重影点对同一投影面的不同坐标值来确定。坐标值大者为可见，小者为不可见。Ⅰ、Ⅱ两点中点Ⅰ的 y 坐标值大于点Ⅱ的 y 坐标值，故点Ⅰ的正面投影可见。Ⅲ、Ⅳ两点中点Ⅳ的 z 坐标值大于点Ⅲ的 z 坐标值，故点Ⅳ的水平投影可见，如图 2-34 所示。

综上所述，在投影图上只有投影重合处才会产生可见性问题，每个投影面上的可见性要分别进行判别。

例 2-6　如图 2-35a 所示，试作直线 *MN* 与已知直线 *AB*、*CD* 相交，并与直线 *EF* 平行。

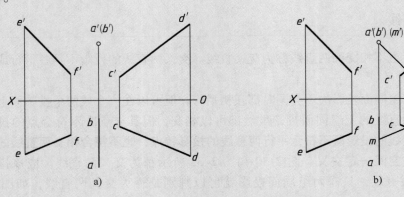

图 2-35　直线的投影作图

解 由给出的投影可知，直线 AB 为正垂线，因此它与所求直线 MN 相交的交点 M 的正面投影 m' 一定与 a'（b'）重合，根据平行、相交两直线的投影特点可求出直线 MN，其作图步骤如下（见图 2-35b）：

1）在正面投影上由 m' 引直线 $m'n'$，与 $e'f'$ 平行且交 $c'd'$ 于点 n'。

2）由 n' 作 OX 轴的垂线与 cd 交于点 n。

3）由 n 作直线 nm 与 ef 平行，交 ab 于点 m。mn 和 $m'n'$ 即为所求直线 MN 的两面投影。图中的 m' 为不可见，故用（m'）表示。

第六节　直角的投影

互相垂直的两直线，如果同时平行于同一投影面，则它们在该投影面上的投影仍反映直角；如果它们都倾斜于同一投影面，则在该投影面上的投影不是直角。除以上两种情况外，这里将要讨论的是，互相垂直的两直线中只有一直线平行于投影面时的投影。这种情况在作图时经常遇到，是处理一般垂直问题的基础。

一、垂直相交两直线的投影

定理 1 垂直相交的两直线，如果其中有一条直线平行于一投影面，则两直线在该投影面上的投影仍反映直角。

证明 如图 2-36a 所示，已知 $AB \perp AC$，且 $AB /\!/ H$ 面，AC 不平行于 H 面。因为 $Aa \perp H$ 面，$AB /\!/ H$ 面，故 $AB \perp Aa$。因为 AB 既垂直 AC 又垂直 Aa，所以 AB 必垂直 AC 和 Aa 所确定的平面 $AacC$。因 $ab /\!/ AB$，则 $ab \perp$ 平面 $AacC$，所以 $ab \perp ac$，即 $\angle bac = 90°$。

图 2-36b 所示是它们的投影图，其中 $a'b' /\!/ OX$ 轴，$\angle bac = 90°$。

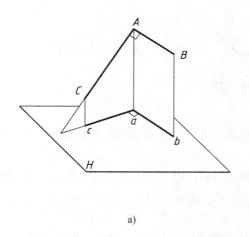
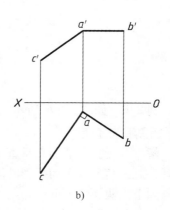

a)　　　　　　　　　　　　　　b)

图 2-36　直角投影定理

定理 2（逆） 如果相交两直线在某一投影面上的投影成直角，且有一条直线平行于该投影面，则两直线在空间必互相垂直（读者可参照图 2-36a 证明之）。

如图 2-37 所示，$\angle d'e'f' = 90°$，且 $ef /\!/ OX$ 轴，因 EF 为正平线，根据定理 2，故空间两直线 DE 和 EF 必垂直相交。

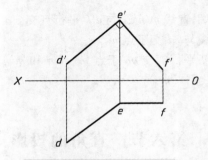

图 2-37　两直线垂直相交

例 2-7　如图 2-38 所示，已知点 A 及正平线 CD，试过点 A 作直线与已知直线 CD 垂直相交。

解　由定点向定直线可作唯一垂直相交的直线。因 CD 为正平线，故可根据直角投影定理作图。其作图步骤如下：

1）过 a' 作 $a'b' \perp c'd'$。

2）作 ab。ab 和 $a'b'$ 即为所求直线 AB 的两面投影。

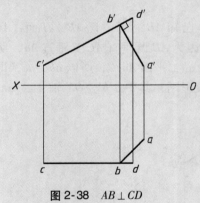

图 2-38　$AB \perp CD$

例 2-8　如图 2-39a 所示，已知等腰三角形的一腰为 AC，它的底边在正平线 AB 上，求作此等腰三角形。

解　等腰三角形的高垂直平分底边，底边在 AB 上，而 AB 是正平线，根据直角投影定理，此三角形的正面投影既能反映底边的实长，又能反映高与底边的垂直关系。其作图步骤如下（见图 2-39b）：

1）过点 C 作直线 AB 的垂线 CK（$c'k' \perp a'b'$，并求出 ck），CK 即为三角形的高。

2）量取 $k'd' = k'a'$，并求出水平投影 d，点 D 即为等腰三角形的另一个顶点。

3）连接 CD（$c'd'$、cd）即得此等腰三角形 ACD。

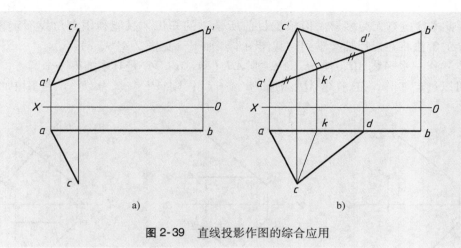

a)   b)

图 2-39 直线投影作图的综合应用

二、交叉垂直两直线的投影

上面讨论了垂直相交两直线的投影。现将上述定理加以推广，讨论交叉垂直两直线的投影。初等几何已规定对交叉两直线所成的角是这样度量的：过空间任意点作直线分别平行于已知交叉两直线，所得相交两直线的夹角，即为交叉两直线所成的角。

定理 3 互相垂直的两直线（相交或交叉），如果其中有一条直线平行于一投影面，则两直线在该投影面上的投影仍反映直角。

对交叉垂直的情况证明如下：如图 2-40a 所示，已知交叉两直线 $AB \perp MN$，且 $AB /\!/ H$ 面，MN 不平行于 H 面。过直线 AB 上任意点 A 作直线 $AC /\!/ MN$，则 $AC \perp AB$。由定理 1 知，$ab \perp ac$。因 $AC /\!/ MN$，则 $ac /\!/ mn$，所以 $ab \perp mn$。

图 2-40b 所示是它们的投影图，其中 $a'b' /\!/ OX$ 轴，$ab \perp mn$。

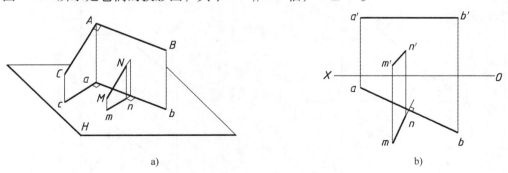

a)   b)

图 2-40 两直线交叉垂直

定理 4（逆） 如果两直线在某一投影面上的投影成直角，且有一条直线平行于该投影面，则两直线在空间必互相垂直（读者可参照图 2-40a 证明之）。

例 2-9 如图 2-41a 所示，试过定点 A 作直线垂直于已知直线 EF。

解 过点 A 可以作无穷条直线垂直于已知直线 EF，这些无穷条直线就确定了一个平面 P，因此本题应有无穷多解。但根据目前所学过的知识，只能利用直角投影定理来求解，其余的解法将在以后陆续学到。其作图步骤如下（见图2-41b、c）：

过点 A 作一水平线 AH，使 $ah \perp ef$，则 AH（ah，a'h'）是其中的第一个解。

也可以过点 A 作一正平线 AH，使 $a'h' \perp e'f'$，则 AH（ah，a'h'）是其中的第二个解。

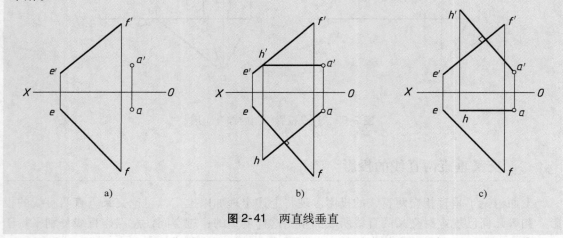

图 2-41　两直线垂直

例 2-10　如图 2-42a 所示，求两直线 AB 和 CD 的公垂线 EF。

解　直线 AB 是铅垂线，CD 是一般位置直线，所以它们的公垂线一定是一条水平线，且有 $cd \perp ef$。公垂线的一个端点 E 的水平投影 e 一定重合在 a（b）上。其作图步骤如下（见图2-42b）：

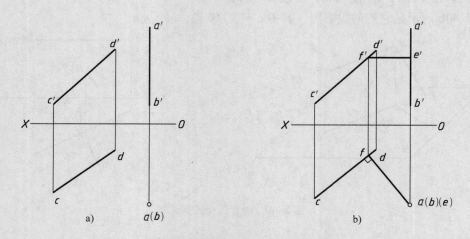

图 2-42　求直线 AB、CD 的公垂线

1）在直线 AB 有积聚性的投影 a（b）上定出 e，作 $ef \perp cd$ 与 cd 相交于 f，并由 f 作出 f'。

2）由 f' 作水平线 EF 的 V 面投影 f'e' 与 a'b' 相交于 e'。ef 和 e'f' 即为所求两直线 AB 和 CD 的公垂线 EF 的两投影。图中的 e 为不可见，故用（e）表示。

平　面

第一节　平面的表示法

一、平面的几何元素表示法

平面可由下列任一组几何元素确定：

1）不属于同一直线的三点（见图 3-1a）。

2）一直线和该直线外一点（见图 3-1b）。

3）相交两直线（见图 3-1c）。

4）平行两直线（见图 3-1d）。

5）任意平面图形（如三角形，见图 3-1e）。

在投影图上，可以用上述任何一组几何元素的投影来表示平面，如图 3-1 所示，且各组元素之间是可以相互转换的。实际作图中，较多采用平面图形表示法（见图 3-1e）。

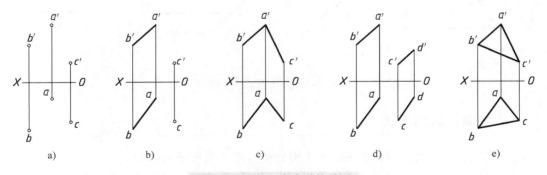

图 3-1　几何元素表示的平面

二、平面的迹线表示法

空间平面与投影面的交线称为平面的迹线。在图 3-2a 中，平面 P 与 H 面的交线称为水平迹线，记作 P_H；与 V 面的交线称为正面迹线，记作 P_V；与 W 面的交线称为侧面迹线，记

作 P_W。平面迹线如果相交，交点必在投影轴上，即为平面 P 与三投影轴的交点，相应记作 P_X、P_Y、P_Z。

由于平面迹线是属于某一投影面的直线，因此它的该面投影和迹线自身重合，另外两个投影必重合在相应的投影轴上。例如，正面迹线的 V 面投影和迹线自身重合，H、W 面投影分别与 OX、OZ 轴重合，在投影图上，通常只需将迹线自身重合的投影画出，并作标注（P_V），其他与投影轴重合的投影省略标注，如图 3-2b 所示。在图 3-3a 中，平面 P 以相交的迹线 P_H、P_V 表示；在图 3-3b 中，平面 Q 以相互平行的迹线 Q_H、Q_V 表示。

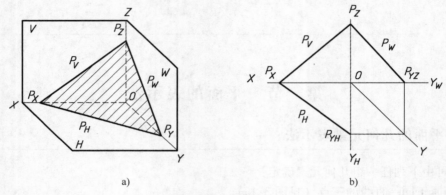

图 3-2 平面的迹线

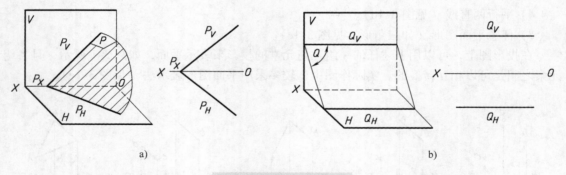

图 3-3 迹线表示的平面

三、平面迹线的求法

通过作图，可以将几何元素表示的平面转换为用平面迹线来表示。

由于平面上一切直线的迹点必从属于该平面的同面迹线，因此确定平面迹线时，可先求出平面上任意两条直线的迹点，然后连接每对同面迹点即可。

如图 3-4 所示，求 $\triangle ABC$ 的迹线，作图步骤如下：

1）作直线 AC 的水平迹点 M_1 和正面迹点 N_1。

2）作直线 AB 的水平迹点 M_2 和正面迹点 N_2。

3）连接 M_1M_2 得平面的水平迹线 P_H，连接 N_1N_2 得平面的正面迹线 P_V。

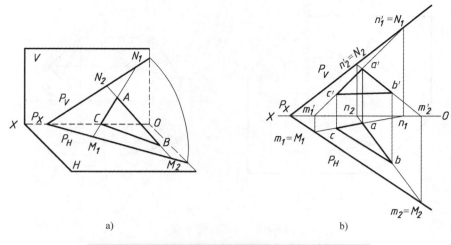

a)   b)

图 3-4　几何元素表示的平面转换为迹线表示的平面

第二节　各种位置平面

在三面体系中，平面对投影面的相对位置可分为三类；

1）和三个投影面都倾斜的平面，称为一般位置平面。

2）垂直于一个投影面的平面，称为投影面的垂直面。

3）平行于一个投影面的平面，称为投影面的平行面。

后两种平面统称为特殊位置平面。

平面与 H 面、V 面、W 面的夹角，就是该平面对投影面 H、V、W 的倾角 α、β、γ。当平面平行于投影面时，倾角为 $0°$；垂直于投影面时，倾角为 $90°$；倾斜于投影面时，则倾角大于 $0°$、小于 $90°$。

$$
平面
\begin{cases}
\text{一般位置平面} & \text{对 } V、H、W \text{ 面都倾斜} \\[2ex]
\begin{array}{l} \text{投影面的垂直面} \\ \text{（只垂直于一个投影面）} \end{array} &
\begin{cases}
\text{铅垂面（} H \text{ 面垂直面）：} \perp H \text{ 面，对 } V、W \text{ 面都倾斜} \\
\text{正垂面（} V \text{ 面垂直面）：} \perp V \text{ 面，对 } H、W \text{ 面都倾斜} \\
\text{侧垂面（} W \text{ 面垂直面）：} \perp W \text{ 面，对 } H、V \text{ 面都倾斜}
\end{cases} \\[4ex]
\begin{array}{l} \text{投影面的平行面} \\ \text{（平行于一个投影面，垂} \\ \text{直于另外两个投影面）} \end{array} &
\begin{cases}
\text{水平面（} H \text{ 面平行面）：} // H \text{ 面，} \perp V \text{ 面，} \perp W \text{ 面} \\
\text{正平面（} V \text{ 面平行面）：} // V \text{ 面，} \perp H \text{ 面，} \perp W \text{ 面} \\
\text{侧平面（} W \text{ 面平行面）：} // W \text{ 面，} \perp H \text{ 面，} \perp V \text{ 面}
\end{cases}
\end{cases}
$$

一、一般位置平面

一般位置平面相对三个投影面皆既不垂直也不平行，对三个投影面都是倾斜的。如果用平面图形表示平面，则它的三面投影均为面积缩小的类似形（边数相等的类似多边形），如图 3-5 所示。

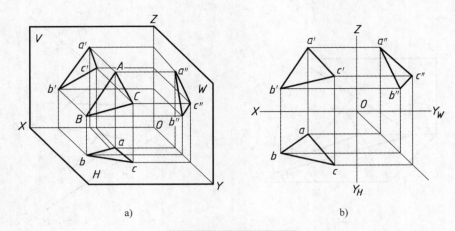

a)　　　　　　　　　　　b)

图 3-5　一般位置平面

二、投影面的垂直面

垂直于某一投影面的平面，称为投影面的垂直面。

表 3-1 中列出了处于三种投影面垂直面位置的平面图形的立体图、投影图和投影特性。

表 3-1　投影面的垂直面

平面的位置	立　体　图	投　影　图	投　影　特　性
铅垂面	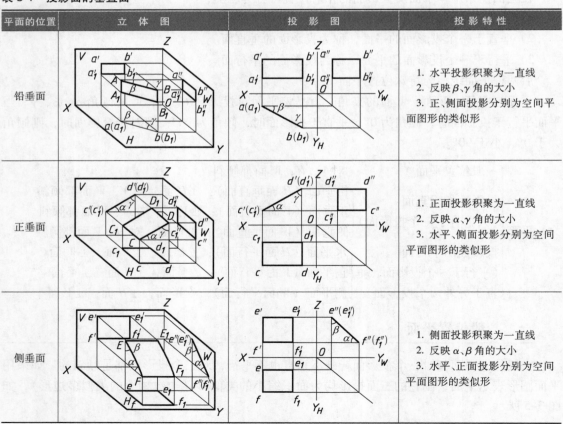		1. 水平投影积聚为一直线 2. 反映 β、γ 角的大小 3. 正、侧面投影分别为空间平面图形的类似形
正垂面			1. 正面投影积聚为一直线 2. 反映 α、γ 角的大小 3. 水平、侧面投影分别为空间平面图形的类似形
侧垂面			1. 侧面投影积聚为一直线 2. 反映 α、β 角的大小 3. 水平、正面投影分别为空间平面图形的类似形

现以图 3-6 所示的铅垂面为例，说明垂直面的投影特性。

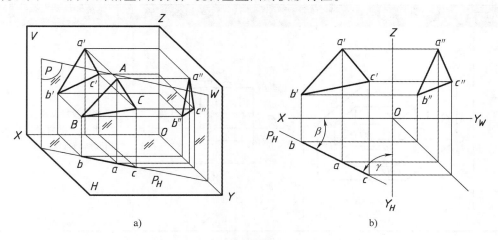

a)   b)

图 3-6 铅垂面

1）在所垂直的投影面上的投影积聚为一直线（并和它有积聚性的迹线重合），它与投影轴的夹角分别反映平面对另两投影面的真实倾角。

2）在另外两个投影面上的投影为其类似形，面积缩小。

三、投影面的平行面

平行于某一投影面的平面，称为投影面的平行面。

表 3-2 中列出了处于三种投影面平行面位置的平面图形的立体图、投影图和投影特性。

表 3-2 投影面的平行面

平面的位置	立　体　图	投　影　图	投　影　特　性
水平面	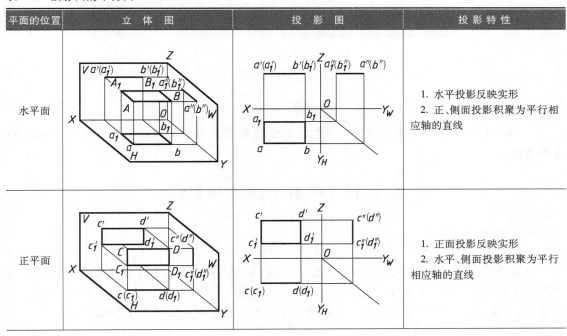		1. 水平投影反映实形 2. 正、侧面投影积聚为平行相应轴的直线
正平面			1. 正面投影反映实形 2. 水平、侧面投影积聚为平行相应轴的直线

（续）

平面的位置	立 体 图	投 影 图	投影特性
侧平面	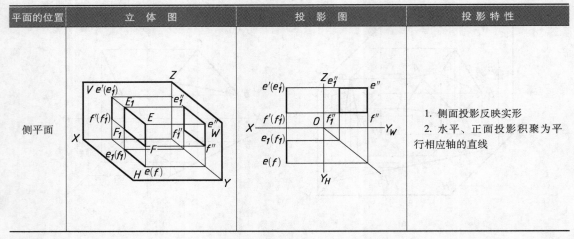		1. 侧面投影反映实形 2. 水平、正面投影积聚为平行相应轴的直线

现以图 3-7 所示的正平面为例，说明平行面的投影特性。

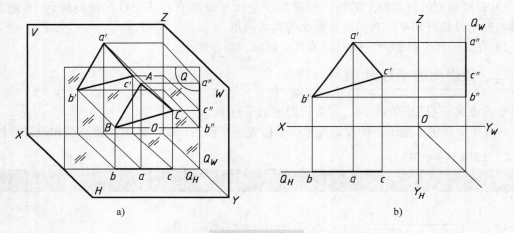

图 3-7 正平面

1）在所平行的投影面上的投影反映实形。

2）在另外两个投影面上的投影分别积聚成平行相应投影轴的直线（并和它有积聚性的迹线重合）。

第三节 平面上的点和直线

一、平面上取点

如果点从属于平面上的已知直线，则点必在该平面上。因此，在平面上取点，应取自面上的已知直线。如图 3-8 所示，相交直线 AB、AC 确定一平面 P，在直线 AB 上取 M 点，在直线 AC 上取 N 点，由于直线 AB、AC 均属于平面 P，因此 M、N 点必在平面 P 上。

二、平面上取直线

若具备下列两条件之一，则直线在平面上：

1）通过平面内两个已知点。

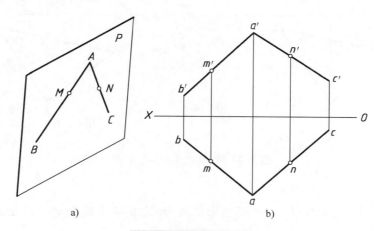

图 3-8　平面上取点

2）通过平面内一个已知点，且平行于该平面内的一条已知直线。

如图 3-9 所示，已知 M、N 均为平面 P 内的点，AB 为平面 P 内的直线，连线 MN 必属于平面 P。此外，过平面上已知点 C 作直线 $CD\ /\!/\ AB$，则直线 CD 也属于平面 P。

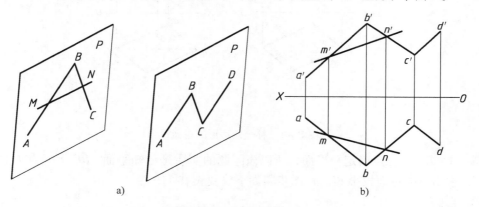

图 3-9　平面上取直线

📝 **例 3-1**　如图 3-10 所示，试判断点 Ⅰ、Ⅱ 是否属于给定的 △ABC。

解　判别的方法是检验给定点是否从属于已知平面内的直线。为此，作属于平面的辅助线 CⅢ（$c3$，$c'3'$），先令 $c'3'$ 通过 $1'$，验证水平投影 1 是否从属于 $c3$，表明点 Ⅰ 属于面内直线 CⅢ，故点 Ⅰ 属于 △ABC。同理，作平面内辅助线 BⅣ（$b4$，$b'4'$），先令 $b'4'$ 通过 $2'$，但水平投影 $b4$ 不通过 2，故点 Ⅱ 不属于面内直线 BⅣ，也不属于 △ABC。

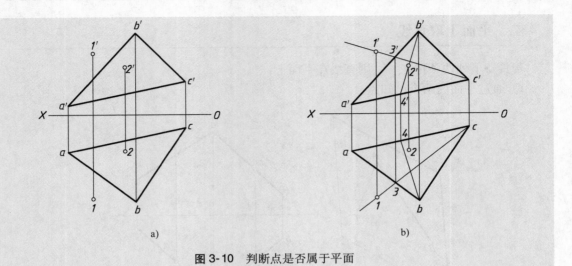

图 3-10 判断点是否属于平面

例 3-2　如图 3-11a 所示，已知四边形平面 *ABCD* 的水平投影 *abcd* 及正面投影 *a'b'c'*，试补全其正面投影。

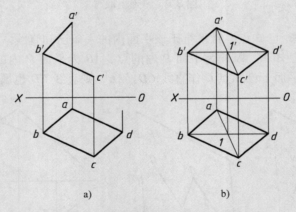

图 3-11　补全四边形的正面投影

解　*A*、*B*、*C* 三点确定一平面，所以该问题的实质是已知平面 *ABC* 上一点 *D* 的水平投影 *d*，求出它的正面投影 *d'*。作图步骤如下（见图 3-11b）：

1）连接对角线 *AC*（*ac*，*a'c'*）。

2）水平投影中连接 *bd*，交 *ac* 于 1，作出 *a'c'* 上对应点 1'。

3）连接 *b'1'*，*d'* 必在 *b'1'* 上。

4）连接 *a'd'*、*c'd'*，完成四边形的正面投影 *a'b'c'd'*。

三、属于特殊位置平面上的点和直线

1. 取属于特殊位置平面的点和直线

由于平面的投影具有积聚性，因此平面内任何点和直线的投影必定落在该平面具有积聚性的相应投影或迹线上。

如图 3-12a 所示，d'、e' 分别重合在正垂面 $\triangle ABC$ 积聚性的投影 $a'b'c$ 上，对于任取的 d、e，点 D、E 均属于正垂面 $\triangle ABC$。图 3-12b 中 ab 与铅垂面 P 的水平迹线 P_H 重合，对于任取的 $a'b'$，直线 AB 必属于铅垂面 P。

2. 过一般位置直线总可作投影面垂直面

过一般位置直线 AB 可作无数个平面，但铅垂面仅有一个（见图 3-13a），该平面其实就是直线 AB 向 H 面投射的投影平面。铅垂面的水平投影具有积聚性，必与 ab 重合，故采用迹线表示该平面较为简捷。作图步骤：过 ab 作水平迹线 P_H，即为所求铅垂面（见图 3-13b）。

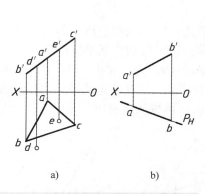

图 3-12　特殊位置平面内的点和直线

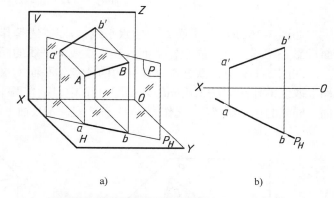

图 3-13　过一般位置直线作投影面的垂直面

3. 过特殊位置直线作平面

过投影面的垂直线或平行线作平面，必须首先进行分析，然后作图。如过铅垂线 AB 可作一个正平面 P、一个侧平面 Q 及无穷个铅垂面，如图 3-14 所示。过正平线 CD 可作一个正平面、一个正垂面及无穷个一般位置平面，如图 3-15 所示。

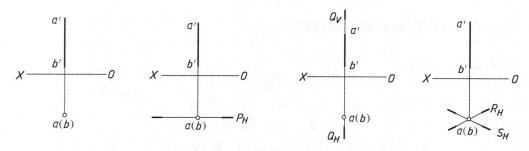

图 3-14　过铅垂线作平面

四、平面上的投影面平行线

平面上的投影面平行线分为平面上的水平线、正平线和侧平线三种情况。它们既属于已知平面，又具有投影面平行线的投影特性。

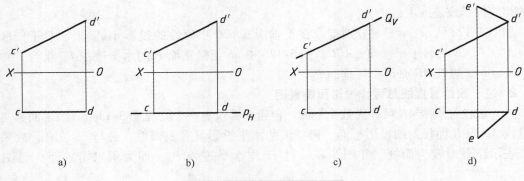

图 3-15 过正平线作平面

如图 3-16 所示，平面 P 内的水平线（P_H 迹线是其中之一）均互相平行，因此它们的同面投影必相互平行。同理，平面内正平线或侧平线的同面投影也分别相互平行。

在图 3-17a 中，欲过 △ABC 平面内 A 点作平面内水平线 AD，先作 a'd' // OX 轴，再按平面上取线的作图方法求出 ad。在图 3-17b 中，欲在两平行线 AB、CD 确定的平面内作距离 V 面 10mm 的正平线 EF，先作 ef // OX 轴，且距 OX 轴 10mm，再按从属对应关系确定 e'f '。

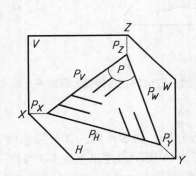

图 3-16 平面内投影面的平行线

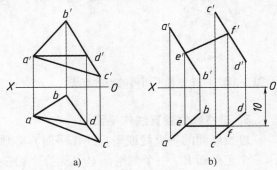

图 3-17 在已知平面内作投影面的平行线

五、平面内投影面的最大斜度线

1. 最大斜度线的定义

平面内垂直于该平面内投影面平行线的直线，称为平面内对投影面的最大斜度线。它可分为三种：垂直于平面内水平线的直线，称为平面对 H 面的最大斜度线；垂直于平面内正平线的直线，称为平面对 V 面的最大斜度线；垂直于平面内侧平线的直线，称为平面对 W 面的最大斜度线。

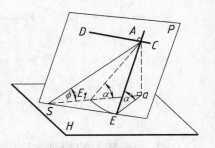

图 3-18 最大斜度线

如图 3-18 所示，在平面 P 内，CD 为水平线，作 CD 的垂线 AE，则 AE 为平面 P 内对 H 面的最大斜度线。称最大斜度线的原因：属于平面 P 的所有直线中，该直线相对 H 面的倾角是最大的。证明如下：

过点 A 作最大斜度线以外的属于平面 P 的任意直线 AS。它对 H 面的角度为 φ。只要证

明 $\phi < \alpha$ 即可。因为 $AE \perp CD$，且 $SE /\!/ CD$，故 $AE \perp SE$。根据直角投影定理，$aE \perp SE$，则 $aS > aE$，分析两个直角三角形 ASa 和 AEa，它们有相等的直角边 Aa，而另一对直角边 $aS > aE$，故相应的锐角 $\phi < \alpha$。即最大斜度线对投影面的角度最大。

2. 最大斜度线的几何意义及物理意义

在图 3-18 中，直线 AE 是平面 P 内对 H 面的最大斜度线，同时直线 AE 对 H 面倾角 α 就是平面 P 与 H 面所成两面角的平面角，所以等于平面 P 对 H 面的倾角。因此，最大斜度线的几何意义之一在于，用来测定一般位置平面对某投影面的倾角；其物理意义是，如果在平面 P 上放置一钢球（如在 A 点），则该钢球一定沿其最大斜度线（AE）滑落，因为直线 AE 距离为最短。

在图 3-19a 中，已知 $\triangle ABC$ 平面，为求出该平面对 H 面倾角 α，先作平面上对 H 面的最大斜度线。为此，在 $\triangle ABC$ 平面内任作水平线 CD（cd，$c'd'$），再根据直角投影定理，在 $\triangle ABC$ 平面内作 $AE \perp CD$，即作 $ae \perp cd$，AE（ae，$a'e'$）即是平面内对 H 面的最大斜度线。最后可运用直角三角形法求出线段 AE 对 H 面的倾角 α，即等于 $\triangle ABC$ 平面对 H 面的倾角 α。

如果求平面对 V、W 面的倾角 β、γ，则应分别利用平面对 V、W 面的最大斜度线作图。在图 3-19b 中，AG 为 $\triangle ABC$ 平面对 V 面的最大斜度线，求出 AG 对 V 面的倾角 β，即等于 $\triangle ABC$ 平面对 V 面的倾角 β。

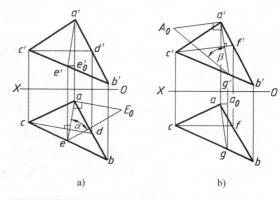

图 3-19 用最大斜度线求平面对投影面的倾角

例 3-3 如图 3-20a 所示，试过水平线 AB 作一平面，使之与 H 面成 $60°$ 倾角。

解 因为对 H 面的最大斜度线为垂直水平线，且与 H 面的夹角反映该平面对 H 面的倾角，故只要作出任一条与已知水平线 AB 垂直相交，且与 H 面成 $60°$ 的最大斜度线即可。

作图步骤：在图 3-20b 中，在直线 AB 上任取一点 B（b，b'），过 b 作适当长度的线段 $bc \perp ab$，以 bc 为直角边，$\angle c = 60°$ 作直角 $\triangle cb_1 b$，b_1 在 ab 上，直角边 bb_1 为 Δz，作 c' 并连接 $b'c'$，BC（bc，$b'c'$）为所求最大斜度线，直线 BC 与 AB 确定的平面即为所求平面。

由此可见，最大斜度线与其投影的夹角体现了最大斜度线所在的平面与投影面的夹角。

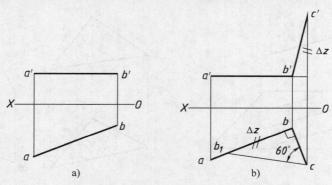

图 3-20 过直线 AB 作与 H 面成 $60°$ 倾角的平面

第四章

直线与平面以及两平面的相对位置

直线与平面、平面与平面的相对位置可分为平行、相交、垂直三种情况。本章重点讨论下述三个问题：

1）直线与平面平行、两平面平行。

2）直线与平面相交、两平面相交。

3）直线与平面垂直、两平面垂直。

然后讨论距离和角度的度量问题。这是以前各章节所介绍的原理的综合运用。通过这部分内容的学习，预期在解题能力方面能得到一定的锻炼和提高。

第一节　直线与平面平行、两平面平行

一、直线与平面平行

由初等几何可知，直线与平面平行的几何条件：若平面外一直线平行于该平面内的任一直线，则平面外的直线与此平面平行。这样，就将线、面平行的判别与作图问题，转化成线、线平行的问题。

如图 4-1a 所示，直线 AB 平行于平面 P 内的直线 CD，故直线 AB 与平面 P 平行。图 4-1b中直线 DE 不平行于$\triangle ABC$。因为 DE 不平行于$\triangle ABC$ 平面内的直线 GF（$de /\!/ gf$，但

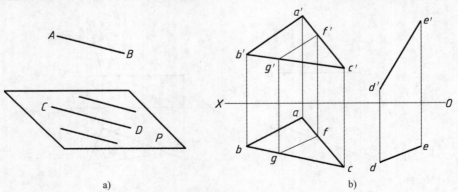

图 4-1　直线与平面平行

$d'e'$ 与 $g'e'$ 不平行），故直线 DE 不平行于 $\triangle ABC$。

例 4-1　如图 4-2 所示，过 K 点作一水平线平行于 $\triangle ABC$ 平面。

解　过 K 点可以作无数条平行于 $\triangle ABC$ 平面的直线，其中必有且仅有一条是水平线，该水平线应平行于 $\triangle ABC$ 平面内的水平线。

作图：在 $\triangle ABC$ 平面内任作一条水平线 CD（cd、$c'd'$），再过 K 点作直线 $EF /\!/ CD$（$ef /\!/ cd$、$e'f' /\!/ c'd'$），则水平线 EF 平行于 $\triangle ABC$，即为所求。

例 4-2　如图 4-3 所示，包含直线 AB 作一平面平行于已知直线 DE。

解　所示平面可以由相交两直线确定。

作图步骤：过 B 点（也可为 AB 上任一点）作直线 $BC /\!/ DE$（$bc /\!/ de$，$b'c' /\!/ d'e'$），则相交两直线 BC 和 AB 所示平面与直线 DE 平行，即为所求。

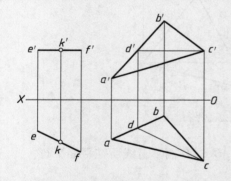

图 4-2　作水平线平行于已知平面

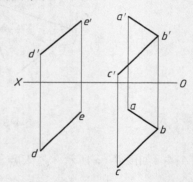

图 4-3　作平面平行于已知直线

二、两平面平行

平面与平面平行的几何条件：如果一平面内的相交两直线分别平行于另一平面内的相交两直线，则这两个平面相互平行。如图 4-4a 所示，由于 $AB /\!/ DE$，$BC /\!/ EF$，因此平面 ABC 与 DEF 互相平行。图 4-4b 所示为相应的投影图。

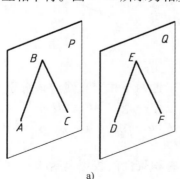

a)

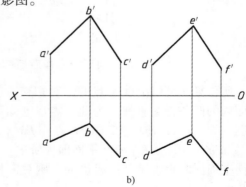

b)

图 4-4　平面与平面平行

例4-3 如图4-5所示，试判断△ABC与△DEF两平面是否平行。

解 判断的方法：能否在两平面内分别作出对应平行的相交直线，其中属于同一平面的正平线与水平线是两条便于作图的相交线。为此，在△ABC平面内作正平线AN(an，a'n')、水平线CM(cm，c'm')，在△DEF平面内作正平线EL(el，e'l')、水平线DK(dk，d'k')，由于CM∥DK(cm∥dk)，AN∥EL(a'n'∥e'l')，故两平面相互平行。

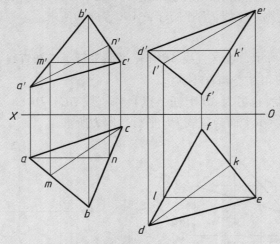

图4-5 判断两平面是否平行

例4-4 如图4-6a所示，过K点作一平面与AB、CD两平行线所在平面平行。

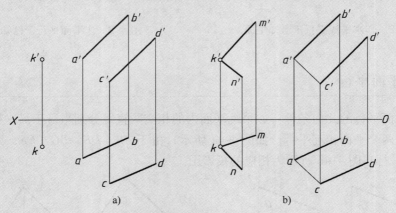

图4-6 作平面平行于已知平面

解 所作平面可以由过K点的一对相交直线表示，这两条相交直线应该分别平行于已知平面内的两条相交直线。为此，需在已知平面内任作一条与AB、CD不平行的辅助线，如图4-6b所示，连接AC，过K点作KM∥AB(km∥ab，k'm'∥a'b')、KN∥AC(kn∥ac，k'n'∥a'c')，KM、KN所在平面即为所求。

若两平面同时垂直于某一投影面，则只需检查具有积聚性的投影是否平行即可，如图4-7所示。

由于$P_H∥Q_H$，故平面P与平面Q互相平行。

50

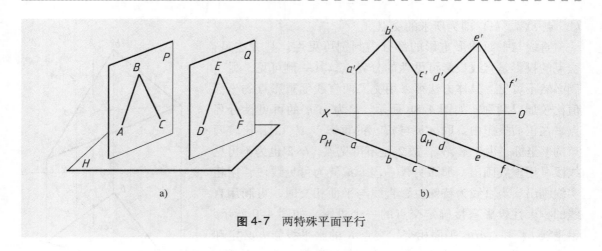

图 4-7　两特殊平面平行

第二节　直线与平面相交、两平面相交

　　直线与平面相交只有一个交点，它是直线和平面的共有点，既属于直线，又属于平面。两平面相交是一直线，这条直线为两平面所共有。欲找出这一直线的位置，只要找出属于它的两点（或找出一点和交线的方向）即可。

一、直线与特殊位置平面相交

　　由于特殊位置平面的某些投影（或迹线）有积聚性，交点可直接得出。

　　图 4-8a 所示为直线 MN 和铅垂面 $\triangle ABC$ 相交。$\triangle ABC$ 的水平投影 abc 积聚成一直线，交点 K 既然是属于平面的点，那么它的水平投影一定属于 $\triangle ABC$ 的水平投影；但交点 K 又属于直线 MN，它的水平投影必属于 MN 的水平投影。因此，水平投影 mn 与 abc 的交点 k 便是交点 K 的水平投影。然后在 $m'n'$ 上找出对应于 k 的正面投影 k'。点 $K(k，k')$ 即为直线 MN 和 $\triangle ABC$ 的交点。图 4-8b 所示为相应的投影图。

　　图 4-8c 所示为直线 MN 和同一个铅垂面相交，但平面以迹线 P_H 表示。由于 P_H 有积聚性，故 mn 和 P_H 的交点 k 为所求交点的水平投影。然后在 $m'n'$ 上作出对应于 k 的正面投影

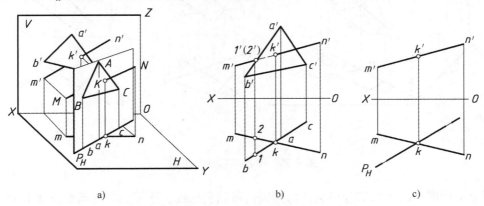

图 4-8　直线与铅垂面相交

k'。点 $K(k,k')$ 即为所求的交点。

直线与平面图形重影的部分需判别可见性。其方法是:交点的投影是直线投影可见性的分界点,其一侧可见,另一侧必然不可见。具体方法可采用交叉两直线上重影点的坐标值比较加以判别。如图 4-8b 所示,k' 为 $m'n'$ 的可见性分界点,在正面投影中,取 $a'b'$ 与 $m'n'$ 的重影点 1′、2′,比较两点的 y 坐标,由于 $y_1 > y_2$,故 2′是不可见点,$k'2'$ 也为不可见线段,用虚线画出;那么另外一段 $k'n'$ 就为可见线段,用粗实线画出。当直线为特殊位置直线与平面相交时,可利用直线的积聚性投影直接确定交点的一个投影。如图 4-9 所示,铅垂线 EF 和 △ABC 平面相交,交点 K 的水平投影 k 必定和 ef 重合;同时,K 点属于 △ABC 平面,利用平面上取点的方法,在 △ABC 平面内作通过 K 点的辅助线 AD,在 $a'd'$ 上确定 k'。点 $K(k,k')$ 即为所求交点。$e'f'$ 与 △$a'b'c'$ 重影部分线段可见性可借助重影点 1′(2′) 判别。

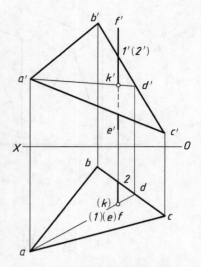

图 4-9 平面与铅垂线相交

二、一般位置平面与特殊位置平面相交

两个平面相交,其中有一个平面的投影具有积聚性时,交线的投影与该平面积聚性投影重合,因而可直接确定,交线的另一个投影可通过在平面上取直线的方法求出。如图 4-10a 所示,求一般位置平面 △ABC 与铅垂面 △DEF 的交线。由于投影 def 积聚为线段,交线的水平投影 kl 必重合于 def;另外交线 KL 属于 △ABC 平面,在 $a'c'$ 上可求出 k',在 $b'c'$ 上确定 l',连接 $k'l'$,图 4-10b 中 $KL(kl, k'l')$ 即为所求交线。图 4-10c 中铅垂面 P 是用水平迹线 P_H 表示的求法。

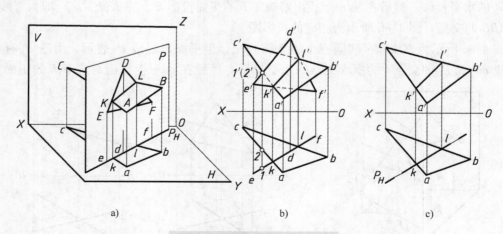

a)   b)   c)

图 4-10 平面与铅垂面相交

两个平面图形的重影部分可见性的判别,可以利用线、面相交时的重影点法判别。如图 4-10b 中,取对于正面的重影点 1′(2′);也可以根据水平投影所示的两平面前后相对位置,

直观地做出判断。交线 *KL* 的投影总是可见，
而且是平面可见性的分界线，用粗实线画出；
对于平面其他轮廓的投影，可见段画成粗实
线，不可见段用虚线画出。

图 4-11 所示为正垂面 △*ABC* 与水平面
▱*DEFG* 相交。由于两已知平面同时垂直于 *V*
面，因此交线必垂直于 *V* 面，图中两平面具
有积聚性的正面投影交于一点，该点即为交
线（正垂线 *KL*）的正面投影 *k′l′*，按对应关
系作出交线的水平投影 *kl*。

水平投影中，两平面重叠的部分应判别
可见性。交线以及重叠部分以外的轮廓均可
见，其他轮廓线判别方法如前例所述，可见
段画粗实线，不可见段用虚线表示。

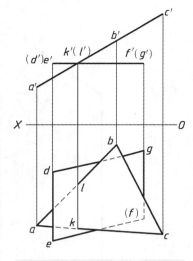

图 4-11　正垂面与水平面相交

三、直线与一般位置平面相交

如图 4-12a 所示，一般位置直线 *DE* 与一般位置平面 △*ABC* 相交，由于均没有积聚性，
在投影图中，它们的交点不能直接确定，必须采用辅助平面，经过一定的作图过程，才能
求得。

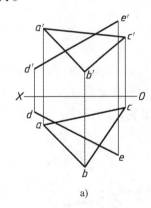
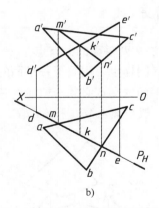
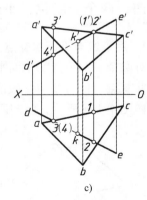

a)　　　　　　　　　　　　b)　　　　　　　　　　　　c)

图 4-12　一般位置直线与平面相交

图 4-13 所示为辅助平面法的几何原理，先包含直线 *DE* 作一辅助平面 *P*，求出平面 *P* 与
已知 △*ABC* 平面的交线 *MN*。为便于上述作图，辅助平面 *P* 应选用特殊位置平面；交线 *MN*
与直线 *DE* 同在辅助平面 *P* 内必相交于 *K* 点。因为交线 *MN* 属于 △*ABC* 平面，故 *K* 点是直线
DE 和 △*ABC* 的共有点，即为所求交点。

在投影图中，可归纳为以下三步作图：

1）包含 *DE* 作辅助平面 *P*，在图 4-12b 中，所作辅助面为铅垂面，P_H 与 *de* 重合。

2）求辅助平面 *P* 与 △*ABC* 平面的交线 *MN*。

3）*MN* 与 *DE* 交于 *K* 点，*K* 点即为所求交点。

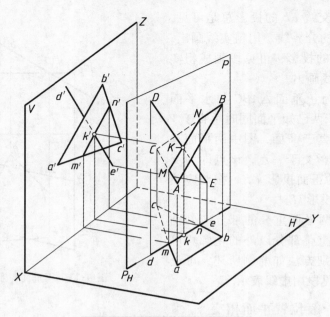

图 4-13 用辅助平面法求交点

求出交点 K 之后，还应通过取重影点，分别判别直线 DE 的水平及正面投影的可见性，如图 4-12c 所示。

四、两个一般位置平面相交

1. 用直线与平面求交点的方法求两平面的共有点

对两个一般位置的平面来说，同样也可用属于一平面的直线与另一平面求交点的方法来确定共有点。但直线与一般位置平面的交点必须经前述的三个作图步骤才能作出。

如图 4-14a 所示，已知两个一般平面 △ABC 和 △DEF，为求出它们的交线，可分别求出

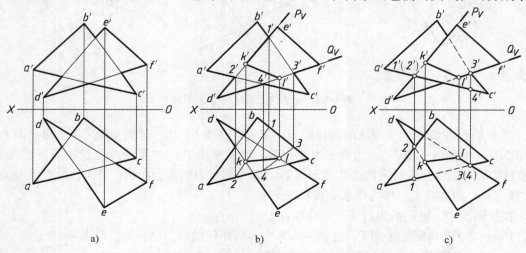

a)   b)   c)

图 4-14 两个一般位置平面的交线

属于△DEF 的线段 DE 和 DF 与△ABC 平面的两个交点 K、L，连线 KL 就是所求两个三角形平面的交线。由于 DE、DF 以及△ABC 均处在一般位置，因此每次求线、面交点时，均应采用前面所述辅助平面法的三个作图步骤，如图 4-14b 所示，分别包含直线 DE、DF 作辅助正垂面（P_V 及 Q_V），求出交点 K、L，连线 KL 即为所求。

交线求出后，应判断平面投影的可见性。交线的投影一定可见，并且是平面投影可见性的分界线。利用重影点 I、II 和 III、IV 分别判断正面投影和水平投影的可见性，如图 4-14c 所示。

两个平面图形相交可能有两种情况：一种是一个平面图形穿过另一个平面图形，称为"全交"，如图 4-14 和图 4-15a 所示；另一种是两个平面图形各有一边交于对方图形以内，称为"互交"，如图 4-15b 所示。

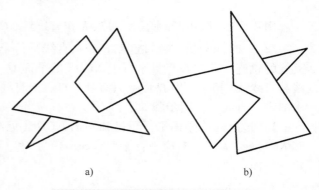

a)　　　　　　b)

图 4-15　两个平面图形全交与互交

2. 用三面共点法求交线

图 4-16a 所示是用三面共点法求两平面共有点的几何原理，图中已给两平面 R 和 S。为求该两平面的共有点，取任意辅助平面 P，它与平面 R、S 分别相交于直线 I II 和 III IV，而 I II 和 III IV 的交点 K_1 为三面所共有，当然也是 R、S 两平面的共有点。同理，作辅助平面 Q 可再找出一个共有点 K_2。K_1K_2 即为 R、S 两平面的交线。图 4-16b 所示为相应的投影图。

辅助平面 P、Q 是任意取的。为了作图方便，应取特殊位置面为辅助面。这里取的是水平面。若取正平面或其他特殊平面，则作图过程也一样。

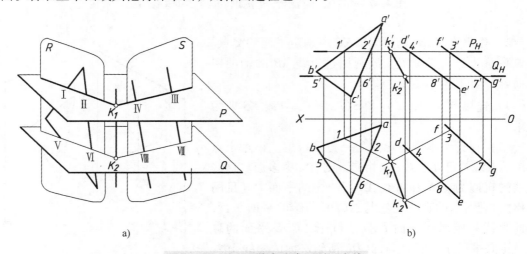

a)　　　　　　　　　　　　　b)

图 4-16　用三面共点法求两平面交线

用三面共点法求共有点是画法几何基本作图方法之一。这一方法不但可用以求出平面的交线（两个共有点），而且可用以求出曲面的交线（一系列共有点）。用以求曲面交线的问题将在以后讨论。

五、综合题解法示例

前面分别讨论了直线和平面平行或相交问题的原理和解题方法。现举例说明综合题的解法。

例4-5　如图4-17a所示，过点 K 作直线与 $\triangle CDE$ 所给的平面平行，并与直线 AB 相交。

解　（1）分析　欲过定点 K 作一直线平行于已知平面 $\triangle CDE$，则有无穷多解。这些直线的轨迹为一过 K 点且平行于 $\triangle CDE$ 的平面 Q（见图4-17b）。同时，还要使所作的直线与直线 AB 相交。但 Q 面上只有唯一点属于直线 AB 与平面 Q 的交点 S。因此，KS 为所求的唯一直线。作图步骤如下：

1）过点 K 作平面平行于已知平面 $\triangle CDE$（见图4-17c）。为此，作直线 $KF(kf, k'f')$ 和 KG（$kg, k'g'$）对应平行于 $CE(ce, c'e')$ 和 $CD(cd, c'd')$。相交两直线 KF 和 KG 确定一平面。

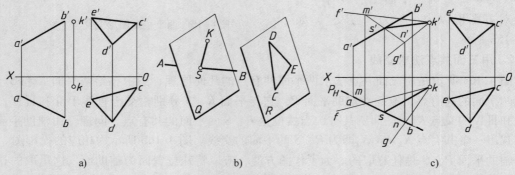

a)　　　　　　　　b)　　　　　　　　c)

图4-17　作直线平行于已知平面，并与已知直线相交

2）作出直线 AB 与 KF 和 KG 所确定平面的交点。因该平面处于一般位置，故利用过直线 AB 的辅助铅垂面 P_H，求得交点 $S(s, s')$。

3）连接点 $K(k, k')$ 和 $S(s, s')$，直线 KS 即为所求。

（2）讨论　本题还可用另一方案求解。欲过定点 K 作一直线与已知直线 AB 相交，则有无穷多解。这些直线的轨迹为点 K 和直线 AB 所决定的平面 P（见图4-18），现所求的直线还应与 $\triangle CDE$ 所给的平面平行，则此直线一定属于平面 P 且平行于 $\triangle CDE$ 平面的直线，也必平行于平面 P 与 $\triangle CDE$ 所给平面的交线 MN。因此，求解步骤如下：

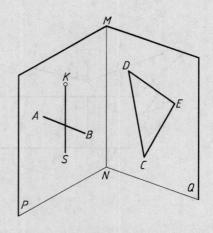

图4-18　示意图

1）使点 K 和直线 AB 确定一平面，求出该平面与 $\triangle CDE$ 所给定平面的交线 MN。

2）过点 K 引直线 KS 平行于所作的交线 MN，直线 KS 即为所求。

显然，其答案与前一方案一致，读者可以试作其投影图。

解综合性问题时，往往先考虑满足求解的某一要求，列出其所有答案（通常引用轨迹的概念），再一一引进其他要求。然后在上述答案中找出能同时满足这些要求的答案。这是求解各种复杂问题常用的一种方法。

第三节　直线与平面垂直、两平面垂直

一、直线与平面垂直

直线与平面垂直的充要条件是：如果一直线垂直于一平面内两条相交直线，则此直线垂直于该平面。

如果一直线垂直于一平面，则此直线必垂直于该平面内一切直线。如图 4-19a 所示，直线 KL 垂直于平面 P，必垂直于 P 平面内的一切直线，其中包括相交的水平线 AB 和正平线 CD。

在投影图中，利用直线与平面上水平线的垂直关系，并根据直角投影原理，可以得出以下定理：如果一直线垂直于一平面，则直线的水平投影必垂直于平面上水平线的水平投影，该直线的正面投影必垂直于平面上正平线的正面投影。

在图 4-19b 中，由于直线 KL 垂直于相交的水平线 AB、正平线 CD 所确定的平面，故 $kl \perp ab$、$k'l' \perp c'd'$。这样可以解决线面垂直的作图问题。

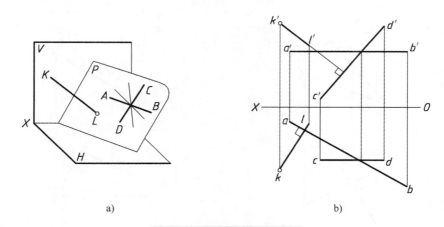

a)　　　　　　　　　　b)

图 4-19　直线与平面垂直

反之，其逆定理：如果一直线的水平投影垂直于一平面上水平线的水平投影，同时直线的正面投影垂直于该平面上正平线的正面投影，则此直线必垂直于该平面。该逆定理可以用来解决线面垂直的判别问题。

根据以上定理可以在投影图上解决下列三个基本问题：

（1）过定点作直线垂直于定平面　如图 4-20a 所示，过 M 点作直线垂直于 △ABC 所确定的平面。

先在已知△ABC上任作一正平线AE和水平线CF，用以确定垂线的方向，然后过m'作m'n'⊥a'e'，过m作mn⊥cf，则MN(mn，m'n')即为所求，如图4-20b所示。

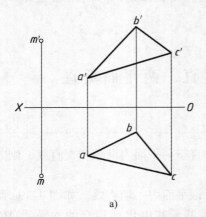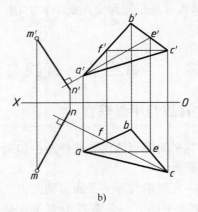

a)   b)

图4-20 作直线垂直于已知平面

必须指出的是：在一般情况下，所作垂线与平面上水平线和正平线是不相交的，如图4-19所示。如果要求垂线与平面的交点（即垂足），还必须用上一节一般直线与一般平面求交点的方法，通过作图求出。但是当平面为特殊位置平面时，所作垂线也为特殊位置直线，且平面有积聚性，垂足可直接求得，如图4-21所示。

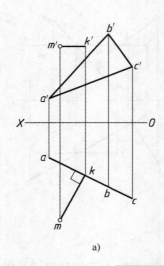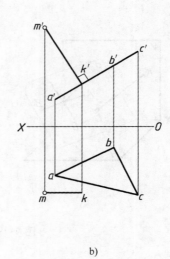

a)   b)

图4-21 直线与特殊位置平面垂直

（2）过定点作平面垂直于定直线　　这是一个与上述相反的问题。如图4-22a所示，过A点作平面垂直于已知直线MN。经过A点作正平线AB，使a'b'⊥m'n'，再过A点作水平线AC，使ac⊥mn，则AB和AC两相交直线所确定的平面即为所求，如图4-22b所示。

（3）过定点作直线垂直于一般直线　　这是两个一般位置直线的垂直问题。如图4-23a所示，由初等几何可知，所求直线一定位于过 A 点且垂直于直线 BC 的平面 Q 上，垂足 K 就是直线 BC 与平面 Q 的交点（见图4-23b）。图4-23c 所示是其投影图，读者见图自明。

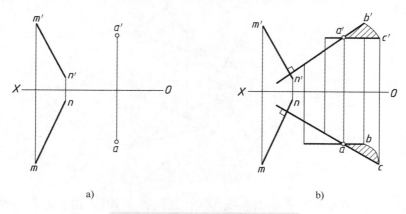

a)　　　　　　　　　　　　b)

图 4-22　作平面垂直于已知直线

59

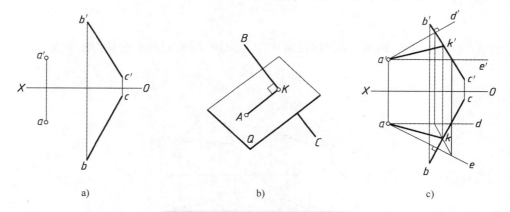

a)　　　　　　　　　b)　　　　　　　　　c)

图 4-23　作直线垂直于已知直线

上述三个基本问题在后面的作图中经常用到，读者必须熟练掌握。

二、两平面垂直

由初等几何可知，若一直线垂直于一平面，则包含此直线的所有平面都垂直于该平面。反之，如果两平面互相垂直，则由属于第一个平面的任意一点向第二个平面所作的垂线一定属于第一个平面。图4-24是它们的示意图，点 C 是属于第一个平面的点，直线 CD 是第二个平面的垂线。图 4-24a 中直线 CD 属于第一个平面，所以两平面相互垂直；图4-24b 中直线 CD 不属于第一个平面，所以两平面不垂直。

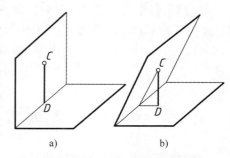

a)　　　　　b)

图 4-24　两平面垂直

例4-6　如图 4-25 所示，过定点 S 作平面垂直于△ABC 平面。

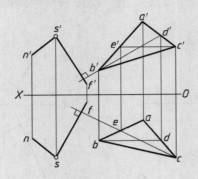

图 4-25　过定点作已知平面的垂直面

解　首先过点 S 作△ABC 平面的垂线 SF（作法同图 4-20）。由于包含垂线 SF 的一切平面均垂直于△ABC 平面，因此本题有无穷多解。例如任作一直线 SN（sn，s′n′）与 SF 相交，则 SF 与 SN 所确定的平面即是其中之一。

例4-7　如图 4-26 所示，试判别△KMN 与△ABC 所给定的平面是否相垂直。

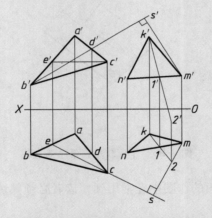

图 4-26　判断两平面是否垂直

解　任取属于平面 KMN 上的一点 M，过点 M 作第二个平面的垂线，再检查垂线是否属于平面 KMN。为作垂线，先作出属于第二个平面的正平线 BD 和水平线 CE。作垂线 MS（ms⊥ce，m′s′⊥b′d′），经检查 MS 不属于平面 KMN，故两平面不垂直。

第四节　距离和角度的度量

解决距离和角度的度量问题的主要基础是根据直角投影定理作平面的垂线或直线的垂面，并求其实长或实形。

一、距离的度量

常见的距离问题有如下几类：

点
到点之间的距离。求两点之间线段的实长（直角三角形法）

到直线之间的距离。过点作平面垂直于直线，求出垂足，再求出点与垂足之间的线段实长。如图 4-27a 所示

到平面之间的距离。过点作平面的垂线，求出垂足，再求出点与垂足之间的线段实长。如图 4-27b 所示

距离

直线
与直线平行之间的距离。过一直线上任一点作另一直线的垂线，余下方法同点到直线的距离。如图 4-27c 所示

与交叉直线之间的距离。包含一直线作一平面平行于另一直线，在另一直线上任取一点，过点作平面的垂线，求出垂足，再求出点与垂足之间的线段实长。如图 4-27d 所示

到平面平行之间的距离。过直线上任一点作平面的垂线，余下方法同点到平面的距离。如图 4-27e 所示

平面　**两平行平面之间的距离**。过一平面上任一点作另一平面的垂线，余下方法同点到平面的距离。如图 4-27f 所示

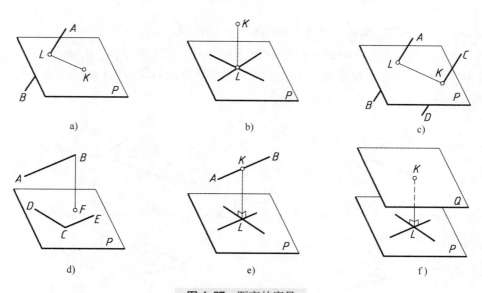

图 4-27　距离的度量

二、角度的度量

常见的角度问题有如下几类：

角度 {

两相交直线间的夹角。任作一直线分别与两相交直线相交，构成三角形，求三角形的实形（分别求出三边的实长），夹角即可求得。如图 4-28a 所示

直线与平面的夹角。直线和它在平面上的投影所夹的锐角，称为直线与面的夹角。过直线上任一点作平面的垂线，求出直线与垂线的夹角（方法同两相交直线的夹角）的余角，余角即为所求，此法又称余角法。如图 4-28b 所示

两平面间的夹角。两平面间的夹角就是两平面二面角的平面角。在空间任取一点，分别作两平面的垂线，求出两垂线间的夹角（方法同两相交直线之间的夹角）的补角，补角即为所求。此法又称补角法。如图 4-28c 所示

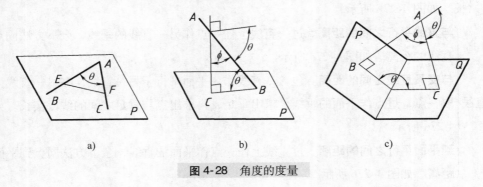

a)   b)   c)

图 4-28　角度的度量

三、解题举例

例 4-8　如图 4-29a 所示，求点 M 到 △ABC 平面的距离。

解　本题的实质是垂直的第一个问题（见图 4-20）。作出垂线后，用辅助平面法求出垂线与 △ABC 平面的交点（即垂足），再用直角三角形法求出线段的实长即可。其作图过程如图 4-29b 所示。

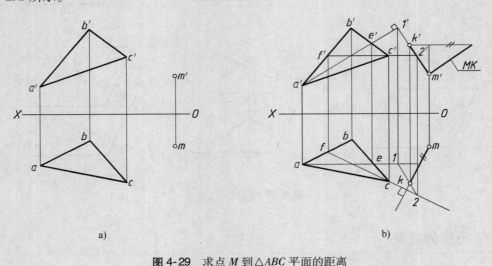

a)   b)

图 4-29　求点 M 到 △ABC 平面的距离

例 4-9 如图 4-30a 所示，求两平行直线 AB、CD 间的距离。

解 本题的空间几何关系前面已做分析（见图 4-27c），作图步骤如下：

1）如图 4-30b 所示，过直线 AB 上任一点 A 作直线 CD 的垂面，该垂面以正平线 AF、水平线 AE 表示，$a'f' \perp c'd'$，$ae \perp cd$。

2）如图 4-30c 所示，通过作包含直线 CD 的辅助正垂面 P，求直线 CD 与上述垂面 AZF 的交点 K(k, k')。

3）连接 AK(ak, a'k')，用直角三角形法求出 AK 的实长，即为所求两平行线间的距离。

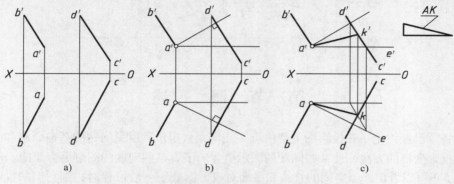

a)   b)   c)

图 4-30 求两平行线间的距离

例 4-10 如图 4-31a 所示，求直线 DE 与 △ABC 平面的夹角 θ。

解 本题的空间几何关系在前面已做分析（见图 4-28b），作图步骤如下：

1）自直线 DE 上任意点 D 作 △ABC 平面的垂线 DF，为此在 △ABC 中作正平线 BⅠ(b1, b'1')，已给出 AB 为水平线，作 $d'f' \perp b'1'$，$df \perp ab$，如图 4-31b 所示。

2）在 DF 上适当取 F 点，构成 △DEF，以直角三角形法分别求出 DF、EF 的实长，水平线 DE 的实长等于 de，以三边实长作 △DEF 实形，如图 4-31c 所示。

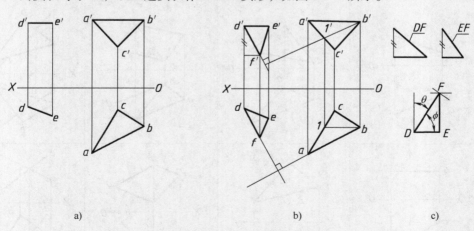

a)   b)   c)

图 4-31 求直线与平面的夹角

3）作 ∠EDF 的余角 θ，即为所求直线 DE 与 △ABC 平面的夹角。

第五章

投 影 变 换

第一节 概　述

　　前面各章已经讨论了在投影图上解决有关几何元素定位和度量问题的基本原理和方法。本章将讨论投影变换的方法，使某些问题的图示更为明了，某些问题的图解更为简捷。

　　由表 5-1 可以看出，当空间的直线和平面对投影面处于一般位置时，则它们的投影既不反映真实大小，也不具有积聚性；当它们和投影面处于特殊位置（平行或垂直）时，则它们的投影有的反映真实大小，有的具有积聚性。从这里可以得到如下启示：当要解决一般位置几何元素的度量或定位问题时，如果能把它们由一般位置转变成为特殊位置，问题就往往容易获得解决。投影变换正是研究如何改变空间几何元素对投影面的相对位置或改变投射方向，以达到简化解题的目的。

表 5-1　几何元素的特殊位置和一般位置的比较

	求 距 离	求 实 形	求 夹 角	求 交 点
一般位置	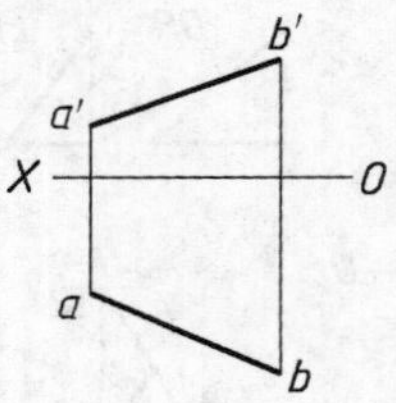	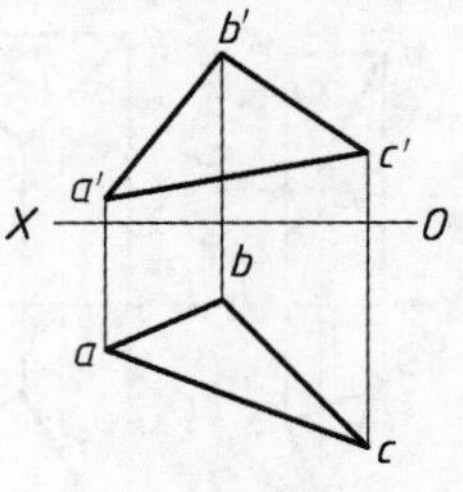	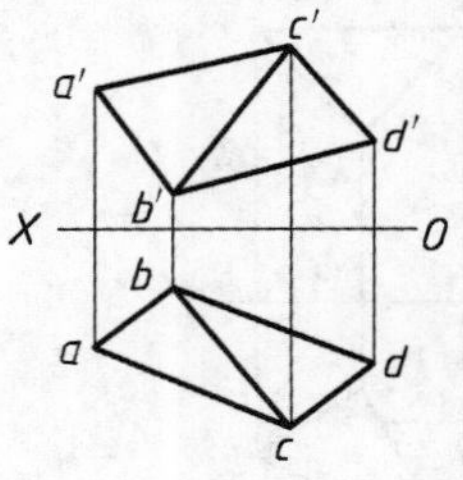	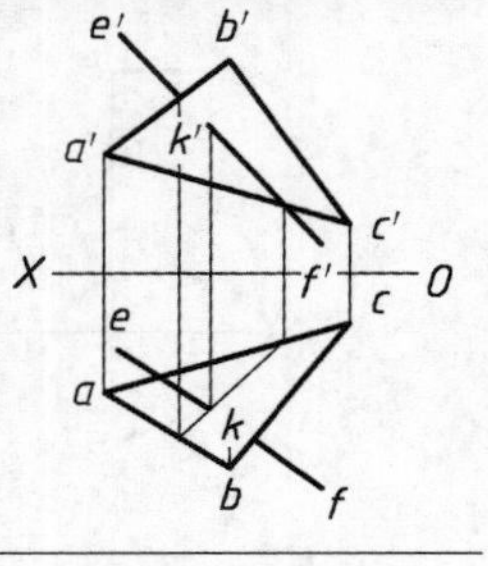
特殊位置	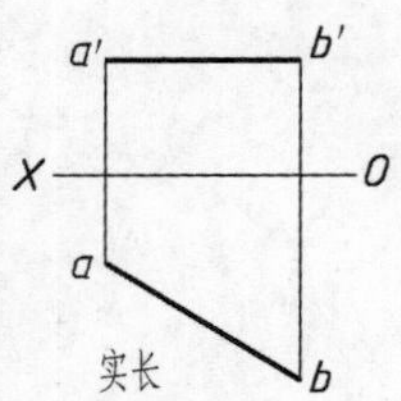	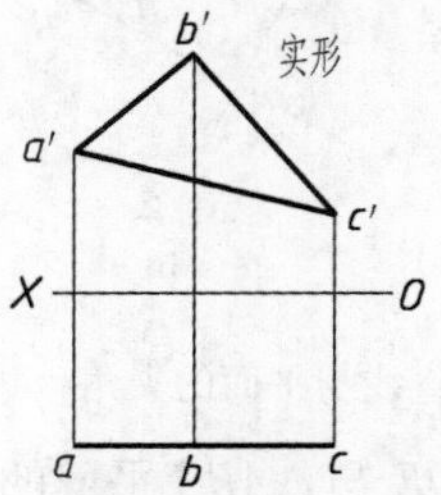	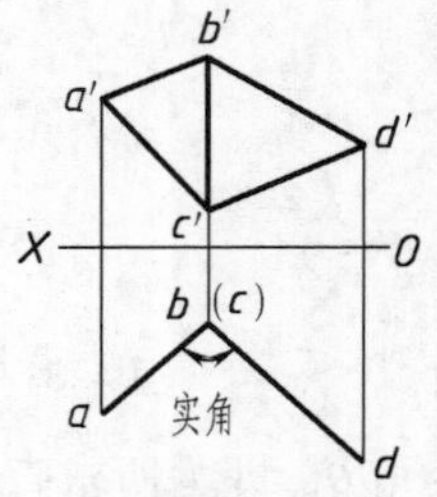	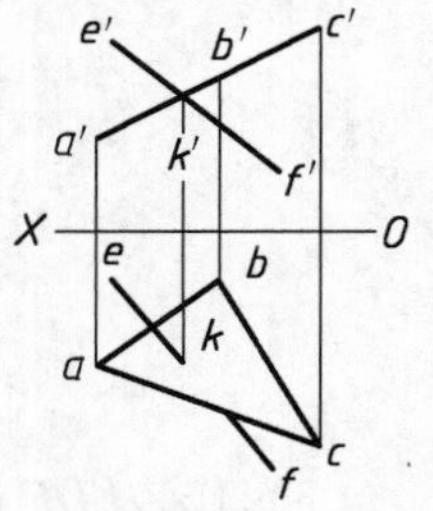
	两点之间距离	三角形实形	两平面夹角	直线与平面的交点

为了达到上述投影变换的目的，常用的基本方法有以下两种：

1）空间几何元素的位置保持不变，用新的投影面代替旧的投影面，使空间几何元素对新投影面的相对位置变成有利于解题的位置，然后找出其在新投影面上的投影。这种方法称为换面法。

2）投影面保持不动，使空间几何元素绕某一轴旋转到有利于解题的位置，然后找出其旋转后的新投影。这种方法称为旋转法。

第二节 换 面 法

一、基本概念

如图 5-1 所示，直线 AB 在 V/H 投影体系中，处于一般位置。现用一新的投影面 V_1 来代替 V 面，使 V_1 面与原 H 投影面保持垂直关系的同时，又平行于直线 AB。这样，直线 AB 在 V_1/H 这个新的投影体系中，变成了 V_1 面的平行线，它在 V_1 面上的投影 $a_1'b_1'$ 便反映了直线 AB 的实长，与投影轴 O_1X_1 的夹角反映出直线 AB 与投影面 H 的倾角 α。

如图 5-2 所示，$\triangle ABC$ 在 V/H 投影体系中，处于一般位置。现用一新的投影面 V_1 来代替 V 面，使 V_1 面与原 H 投影面保持垂直关系的同时，又垂直于 $\triangle ABC$。这样，$\triangle ABC$ 在 V_1/H 这个新的投影体系中，变成了 V_1 面的垂直面，它在 V_1 面上的投影便积聚成直线，与投影轴 O_1X_1（投影轴平行线）的夹角反映出 $\triangle ABC$ 与 H 投影面的倾角 α。

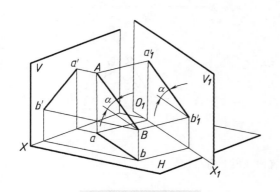

图 5-1 直线的换面

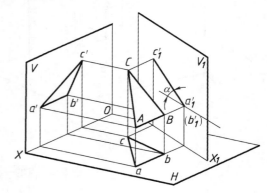

图 5-2 平面的换面

由上述例子可以看出，保持原有几何要素之间的相对位置不变，适当地用一个新的投影面代替原有投影面，便可简化原来较复杂的投影问题。

在 $V/H \rightarrow V_1/H$ 的换面过程中，V/H 称为原投影体系，OX 称为原投影轴，简称原轴，V_1/H 称为新投影体系，O_1X_1 称为新投影轴，简称新轴，V_1 面称为新投影面，H 面称为保留投影面，被替换的 V 面称为被换投影面，在新投影面上的投影 $a_1'b_1'$ 称为新投影，在保留投影面上的投影 ab 称为保留投影，在被换投影面上的投影 $a'b'$ 称为被换投影或旧投影，被换投影轴 OX 称为被换轴或旧轴。

综上所述可知，换面法的关键是如何选择新的投影面，实质是如何确定新轴的方位。因此，新投影面的选择必须符合以下两个条件：

1）与保留投影面垂直。因为换面法必须根据原投影面中的投影来求作新投影，所以新投影面必须与保留投影面垂直。组成新的两面投影体系后，便可按点在两面投影体系中的投影规律，由旧投影求出新投影。

2）使空间几何元素处于有利于解题的位置。一般情况下是将原投影体系中的一般位置的线、面的全部或部分，变换成新投影体系中特殊位置的线、面。

二、点的换面

新投影面选定以后，如何在新投影面上确定点的新投影呢？首先让我们研究点在换面时的情况和作图规律。

（一）点的一次换面

1. 点的换面规律

如图 5-3a 所示，在 V/H 投影体系中有一点 A，其水平投影为 a，正面投影为 a'。取一铅垂面 V_1 代替原正立投影面 V，形成一新的投影体系 V_1/H，求得点 A 在 V_1 面上的投影 a_1'。作图步骤：过 A 点向 V_1 面作垂直线，与 V_1 面的交点 a_1' 就是 A 点在 V_1 面上的新投影，则 a 与 a_1' 构成点 A 在新的投影体系 V_1/H 中的两个投影。

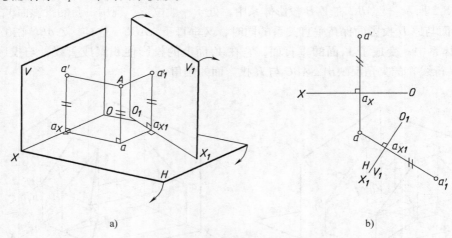

a)　　　　　　　　　　　b)

图 5-3　点的一次换面（换 V 面）

由图 5-3a 可看出，当 V_1 面按图 5-3a 所示箭头方向先绕新轴 O_1X_1 旋转 90°，然后随 H 面绕旧轴 OX 旋转 90°（a_1' 同 V_1 面一起旋转），得到点 A 的新投影图（见图 5-3b）。根据点的两面投影规律可知：$aa_1' \perp O_1X_1$，$a_1'a_{X1} = a'a_X$。由此可得点的换面规律如下：

1）新投影和保留投影的连线垂直于新轴，即 $aa_1' \perp O_1X_1$。

2）新投影到新轴的距离等于旧投影到旧轴的距离，即 $a_1'a_{X1} = a'a_X$。

由点的换面规律，就可根据点原有的投影作出其新投影。

2. 变换正立投影面 V 时（见图 5-3b）的作图步骤

运用点的换面规律求作点的新投影 a_1'：

1）在 H 面上适当的位置建立新轴 O_1X_1（新轴 O_1X_1 的位置也就是新投影面 V_1 的位置）。

2）自保留投影 a 作 O_1X_1 的垂直线，与 O_1X_1 相交于 a_{X1}。

3）从 a_{X1} 起在所作垂直线的延长线上，量取 $a'_1a_{X1}=a'a_X$，即得新投影 a'_1（a'_1 与 a 分别位于 O_1X_1 轴的两侧）。

注意：新投影面距点 A 的远近与所得的结果无关（$a'_1a_{X1}=a'a_X$ 关系不变），因此在投影图上，新轴离保留投影的远近是可以任意选定的。为了保证投影图的清晰性和不使投影重叠，应尽量使新投影和保留投影分别位于新轴的两侧。

3. 变换水平投影面 H 时（见图 5-4a）的作图步骤（见图 5-4b）

运用点的换面规律，求作点的新投影 a_1：

1）在 V 面上适当的位置建立新轴 O_1X_1。

2）自 a' 向 O_1X_1 作垂直线，与 O_1X_1 相交于 a_{X1}。

3）在 $a'a_{X1}$ 垂直线的延长线上量取 $a_1a_{X1}=aa_X$，a_1 即为所求。

（二）点的二次换面

有些空间几何问题仅进行一次换面是不能解决问题的，必须进行二次换面或多次换面才能解决。点在一次换面时的作图规律，也同样适用于点的二次换面或多次换面。那么，多次换面后的新投影又如何确定？注意掌握以下三个要点：

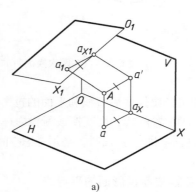
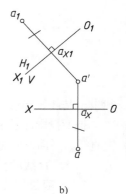

a)   b)

图 5-4　点的一次换面（换 H 面）

1. 每次只能变换一个投影面

如 $V/H \rightarrow V_1/H$，$V/H \rightarrow V/H_1$，不能一次同时变换两个投影面。

2. 换面时要交替进行

第一次以 V_1 代替 V，第二次必须以 H_2 代替 H，第三次就要以 V_3 代替 V_1…（V 和 H 右下角的注脚 1、2、3…表示换面的次数。与此同时，每换一次面，新投影轴注脚号码加 1。例如，第一次 X_1—V_1/H，第二次 X_2—V_1/H_2，第三次 X_3—V_3/H_2…）。随着投影面的交换，投影轴也跟着变换，一次换面后的投影轴用 O_1X_1 表示，二次换面后的投影轴用 O_2X_2 表示，等等。

3. 新旧投影体系在换面时是相对的

每次换面后构成的新投影面体系，是在前次旧投影面体系的基础上进行的，因此在 $V_1/H \rightarrow V_1/H_2$ 的变换过程中，V_1/H_2 是新投影体系，它们的交线 O_2X_2 是新轴，而 V_1/H 便成了原投影体系，O_1X_1 便成了原投影轴；点在 H_2 面上的投影是新投影，在 V_1 面上的投影便成了保留投影，在 H 面上的投影则是旧投影。

图 5-5b 所示为 V/H 投影体系经过 V_1/H 投影体系变换后变成 V_1/H_2 投影体系的情况及其投影图。图 5-5c 所示为按 $V/H \rightarrow V/H_1 \rightarrow V_2/H_1$ 次序变换后点的投影图，它表示在两次换面时，可供选择的两条路径。

三、直线和平面的换面

点的换面方法是直线和平面换面的基础，因为直线可以由其上任意两点、平面可以由其面上不在同一直线上的任意三点来确定。只要把确定直线的两个点和平面的三个点用点的换面规

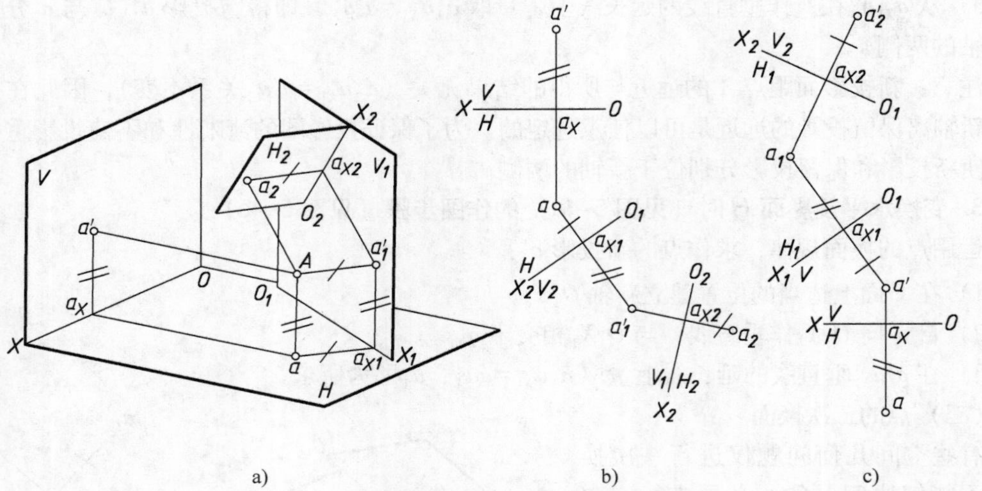

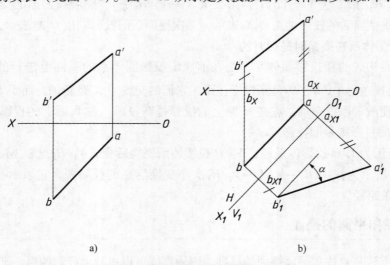

图 5-5　点在两次换面时的两条路径

律求出其新投影后，即可作出换面后直线和平面的投影。

　　把旧投影体系中一般位置的线、面变换成新投影体系中特殊位置的线、面（垂直或平行），是直线、平面换面时的基本问题。换面时，必须考虑空间几何关系，合理确定新轴的位置。

（一）直线的换面

1. 一般位置直线变换成新投影面的平行线

（1）用 V_1 代替 V　如图 5-6a 所示，在 V/H 投影体系中有一条一般位置直线 AB。用 V_1 代替 V 后，要使 AB 成为 V_1/H 新投影体系中 V_1 面的平行线，那么新投影面 V_1 如何选择呢？由平行线的投影特性可知：如果直线与投影面平行，则其投影平行于对应的投影轴。由于 V_1 面已假设平行于 AB，故 ab 必平行于 V_1 面与 H 面的交线 O_1X_1，V_1 面上的新投影 $a_1'b_1'$ 便反映了 AB 直线的实长（见图 5-1）。图 5-6b 所示是其投影图，其作图步骤如下：

a)

b)

图 5-6　一般位置直线变换成正平线

1）作 $O_1X_1 /\!/ ab$（新轴平行于保留投影）。

2）按照点的换面规律，过 a、b 分别作直线垂直于 O_1X_1，交 O_1X_1 于 a_{X1}、b_{X1}。延长之，量取 $a'_1a_{X1}=a'a_X$，$b'_1b_{X1}=b'b_X$，求得新投影 a'_1、b'_1。

3）连接 $a'_1b'_1$。于是，AB 在 V_1/H 投影体系中变成了 V_1 面的平行线，则 $a'_1b'_1=AB$；$a'_1b'_1$ 与 O_1X_1 的夹角就是 AB 直线与 H 面（保留投影面）的倾角 α。

（2）用 H_1 代替 H 如果求直线 AB 对 V 面的倾角，则 V 面必须成为保留投影面（见图 5-7），作图步骤如下：

1）建立新轴 O_1X_1 平行于 $a'b'$。

2）按照点的换面规律，从 a'、b' 分别作直线垂直于 O_1X_1，得 a_{X1}、b_{X1}。延长之，量取 $a_1a_{X1}=aa_X$，$b_1b_{X1}=bb_X$，求得 a_1、b_1。

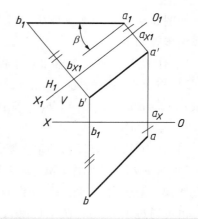

图 5-7 一般位置直线变换成水平线

3）连接 a_1b_1。于是，AB 在 V/H_1 投影体系中变成了 H_1 面的平行线，则 $a_1b_1=AB$（a_1b_1 反映出 AB 直线的实长），a_1b_1 与 O_1X_1 的夹角就是 AB 直线与 V 面（保留投影面）的夹角 β。

由此可见，求一般位置直线对某个投影面的倾角，只要把该投影面作为保留投影面，经过一次换面就能得到。但要确定对三个投影面的倾角 α、β、γ，则必须分别作三个不同的一次换面。

2. 平行线变换成新投影面的垂直线

在 V/H 投影体系中有一条水平线 AB，用 V_1 代替 V 后，要使 AB 成为 V_1/H 新投影体系 V_1 面的垂直线，那么新投影面如何选择呢？我们知道，垂直线的投影规律：如果直线与投影面垂直，则其投影垂直于对应的投影轴。由于 V_1 面已假设垂直于 AB，故 ab 必须垂直于 V_1 面与 H 面的交线 O_1X_1。作图步骤如下（见图 5-8）：

1）作 $O_1X_1 \perp ab$（新轴垂直于保留投影）。

2）按照点的换面规律，过 a、b 两点分别作直线 $aa_{X1} \perp O_1X_1$、$bb_{X1} \perp O_1X_1$（a_{X1}、b_{X1} 重合为一点），量取 a'_1、b'_1 到 O_1X_1 的距离，它等于 a'、b' 到 OX 轴的距离。因 a'、b' 到 OX 的距离相等，故投影 a'_1、b'_1 重合为一点。

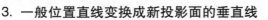

图 5-8 水平线变换成正垂线

3. 一般位置直线变换成新投影面的垂直线

将一般位置直线变换成垂直线，只换一次投影面是不行的。因为使一个新投影面垂直于一般位置直线时，新投影面肯定不垂直于某个原投影面。如果直线是投影面的平行线，作一新投影面垂直于平行线时，则它必垂直于某个原投影面，这符合换面法的规则。因此，先将一般位置直线变换成投影面的平行线后，再将平行线变换成投影面的垂直线

（两次换面）。

如图5-9所示，通过 $V/H \rightarrow V_1/H \rightarrow V_1/H_2$，把一般位置直线变换成投影面的垂直线，具体作图步骤如下：

1）作 $O_1X_1 /\!/ ab$（新轴平行于保留投影）。

2）按照点的换面规律，自 a、b 分别作直线垂直于 O_1X_1，交 O_1X_1 于 a_{X1}、b_{X1}。延长之，量取 $a_1'a_{X1} = a'a_X$，$b_1'b_{X1} = b'b_X$，求出 a_1'、b_1'。

3）连接 $a_1'b_1'$。

4）作 $O_2X_2 \perp a_1'b_1'$（新轴垂直于保留投影）。

5）过 $a_1'b_1'$ 点分别作 $a_1'a_{X2} \perp O_2X_2$、$b_1'b_{X2} \perp O_2X_2$（两线重合），量取 a_2a_{X2}、b_2b_{X2} 到 O_2 X_2 的距离，它们分别等于 a、b 到 O_1X_1 的距离，故新投影 a_2、b_2 重合为一点。

也可通过 $V/H \rightarrow V/H_1 \rightarrow V_2/H_1$，达到同样的目的，如图5-10所示，具体作图步骤略。

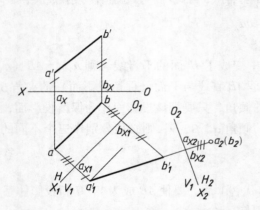

图5-9　一般位置直线变换成铅垂线

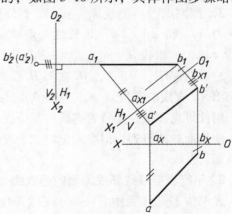

图5-10　一般位置直线变换成正垂线

例5-1　如图5-11a所示，求点 C 到直线 AB 的距离。

解　求点到直线的距离，实际上是求点向直线所作垂线的长度。只要把所作垂线变成投影面的平行线，它的长度就能在投影图上直接反映出来。那么，如何将所作垂线变成投影面的平行线呢？因为所作垂线与直线相互垂直，所以只要把直线变成新投影面的垂直线，那么所作垂线就变成新投影面的平行线了。其具体作图步骤如下（见图5-11b）：

1）用两次换面法将直线 AB 变成投影面的垂直线（在新投影面上的投影积聚成点），与此同时，C 点也跟着变换。

2）将两点 $c_2b_2(a_2)$ 连接起来。c_2b_2 的长度就是垂线的长度，它等于 C 点到直线 AB 的距离。

如要求垂线的投影，可过 c_1' 作直线平行于 O_2X_2（垂线为 V_2 面的平行线），并交于 $a_1'b_1'$ 上某一点 d_1'。c_1'、d_1'、c_2d_2 即为垂线的投影。返回原投影，就得到垂线 CD 的两面投影。

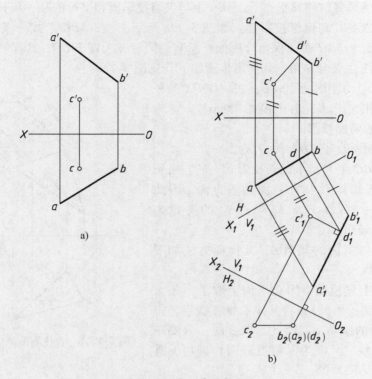

a)

b)

图 5-11　点到直线的距离

（二）平面的换面

1．一般位置平面变换成新投影面的垂直面

如图 5-12a 示，V/H 投影体系中有一个一般位置平面△ABC，要使它在换面过程中成为新投影面的垂直面，那么新投影面如何选择呢？据前所述，新投影面的选择既要与保留投影面垂直，又要与△ABC 垂直。由立体几何可知，若平面上有一条直线垂直于另一平面，则两平面相互垂直。由图 5-8 可知，当直线为投影面的平行线时，一次换面能使它变为垂直线。

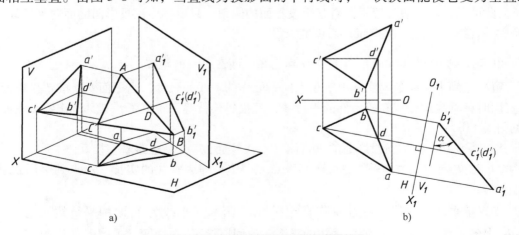

a)

b)

图 5-12　一般位置平面变换成正垂面

所以，新投影面的选择应使其垂直于△ABC上与保留投影面相平行的某一条直线。这样新投影面同时垂直于△ABC和保留投影面。如图5-12a所示，在△ABC上找一条水平线（例如CD），使新投影面 V_1 与H面（保留投影面）垂直的同时又垂直于CD，这样就把一般位置平面变换成了正垂面并求出 α 角。其作图步骤如下（见图5-12b）：

1）在△ABC上求作水平线CD：过 c' 作OX的平行线，并与 $a'b'$ 相交于 d'，由 d' 得 d，则cd、$c'd'$ 为所作水平线CD的两面投影。

2）选择 V_1 面垂直于CD，作 $O_1X_1 \perp dc$。

3）求出△ABC在 V_1 面上的新投影 $a'_1c'_1b'_1$。由于△ABC在 V_1/H 投影体系中为 V_1 面的垂直面，因此 $a'_1c'_1b'_1$ 必积聚成一直线。$a'_1c'_1b'_1$ 与 O_1X_1 的夹角为△ABC与H面的倾角 α。

如果求平面与V面的倾角 β，其换面方法如下所述：

不难看出，上述换面，因在平面上取了一条水平线（H面为保留投影面），将其换成垂直线后，得到了平面与H面的倾角 α。因此，求 β 时，只要在面内取一条正平线（V面为保留投影面）即可。其作图步骤如下（见图5-13）：

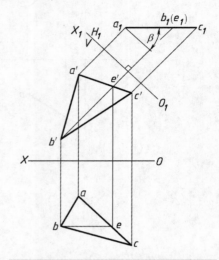

图5-13 一般位置平面变换成铅垂面

1）在△ABC上求作正平线BE。过 b 作OX的平行线，并与 ac 相交于 e。由 e 得 e'，则 be、$b'e'$ 为所作正平线BE的两面投影。

2）选择 H_1 面垂直于BE，作 $O_1X_1 \perp b'e'$。

3）求出△ABC在 H_1 面上的新投影 $a_1b_1c_1$。由于△ABC在 V/H_1 投影体系中是 H_1 面的垂直面，因此 $a_1b_1c_1$ 必积聚成一直线。$a_1b_1c_1$ 与 O_1X_1 的夹角为△ABC与V面的倾角 β。同理，只要在平面上取一条侧平线（W面为保留投影面），将其换成垂直线后，就能得其倾角 γ。

由此可见，求一般位置平面对某个投影面的倾角，只要作出该投影面的面内平行线，将其换成垂直线（经过一次换面）后就能求得。

例5-2 如图5-14a所示，求点D到已知平面△ABC的距离。

解 点到平面的距离实际上等于点向平面作的垂线的长度。当平面变换成新投影面的垂直面时，垂线就变成新投影面的平行线，其投影长就等于距离了。其具体作图步骤如下（见图5-14b）：

1）将△ABC换成新投影面的垂直面（一次换面），点D也跟着变换。

2）过 d'_1 向 $b'_1a'_1c'_1$ 作垂线，交于某一点 e'_1。$d'_1e'_1$ 即为垂线的实长（D点到平面△ABC的距离）。

如果求垂线的投影，可过 d 作直线平行于 O_1X_1（垂线为 V_1 面的平行线），并交于△abc上的 e 点。$d'_1e'_1$、de 即为垂线的投影。返回原投影，就得到垂线DE的投影。

72

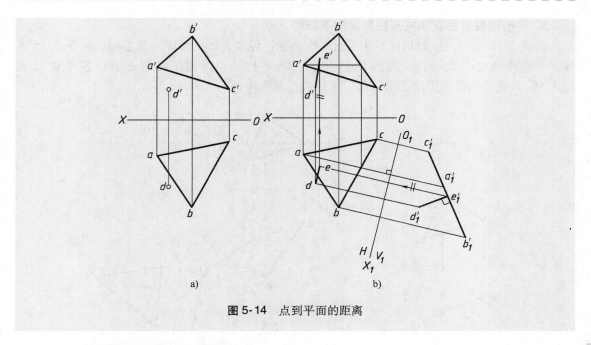

图 5-14 点到平面的距离

2. 垂直面变换成新投影面的平行面

如果 V/H 投影体系中有一个铅垂面 $\triangle ABC$（见图 5-15a），要使它在换面过程中成为新投影面的平行面，那么新投影面如何选择呢？我们知道，平行面的投影特性为：平面与投影面平行，其投影积聚成线且平行于对应的投影轴。所以，只要使新投影轴与平面积聚成线的那个投影平行，再经过一次换面，就能使平面变为新投影面的平行面。其作图步骤如下（见图 5-15b）：

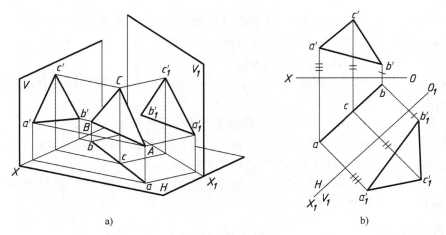

图 5-15 铅垂面变换成正平面

1）用 V_1 代替 V，作 $O_1X_1 \parallel abc$（新轴平行于平面积聚性投影）。

2）按照点的换面规律，分别求出 a、b、c 在投影面 V 上的投影 a_1'、b_1'、c_1'。

3）连接 $a_1'c_1'$、$a_1'b_1'$、$b_1'c_1'$，则 $\triangle a_1'b_1'c_1'$ 反映 $\triangle ABC$ 的实形。

3. 一般位置平面变换成新投影面的平行面

由图 5-12 可知，一般位置平面经过一次换面，可换为新投影面的垂直面。由图 5-15 可知，垂直面经过一次换面，可换为新投影面的平行面。因此，要将一般位置平面（见图 5-16a）变换为新投影面的平行面，必须经过两次换面。

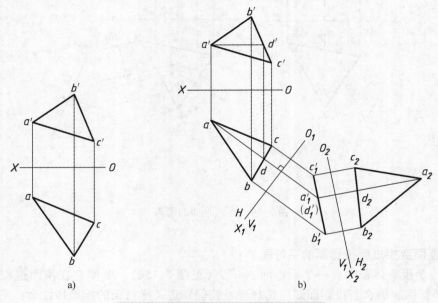

图 5-16　一般位置平面变换成水平面

如图 5-16b 所示，通过 $V/H \rightarrow V_1/H \rightarrow V_1/H_2$，把一般位置平面变换成 H_2 的平行面，作图步骤如下：

1）在 $\triangle ABC$ 上求作水平线 AD，过 a' 作 OX 轴的平行线，此线与 $b'c'$ 交于 d'。由 d' 求得 d，则 ad、$a'd'$ 即为所作水平线 AD 的两面投影。

2）选择 V_1 面垂直于 AD，作 $O_1X_1 \perp ad$。

3）求 $\triangle ABC$ 在 V_1 面上的新投影 $b_1'a_1'c_1'$。由于 $\triangle ABC$ 在 V_1/H 投影体系中为 V_1 面的垂面，因此 $b_1'a_1'c_1'$ 积聚成一直线。

4）用 H_2 代替 H，作 $O_2X_2 \ /\!/ \ b_1'a_1'c_1'$（新轴平行于平面的积聚性投影）。

5）按照点的换面规律，分别求出 b_1'、a_1'、c_1' 在 H_2 投影面上的投影 b_2、a_2、c_2。

6）连接 a_2、b_2、c_2，则 $\triangle a_2b_2c_2$ 反映 $\triangle ABC$ 的实形。

当然，也可通过 $V/H \rightarrow V/H_1 \rightarrow V_2/H_1$，使一般位置平面（见图 5-17a）变换成 V_2 的平行面（见图 5-17b），具体步骤略。

四、综合问题

换面法是一种简化解题的方法。以上几种基本作图是基础，关键在于如何根据已知条件合理选取新轴和运用点的换面规律细心作图。解题时，首先认真分析空间几何要素间的相互关系，选择最佳方案，合理确定新轴；换面求新投影时，注意将所有几何要素一起变换，以保持空间几何元素间原有的相对位置。

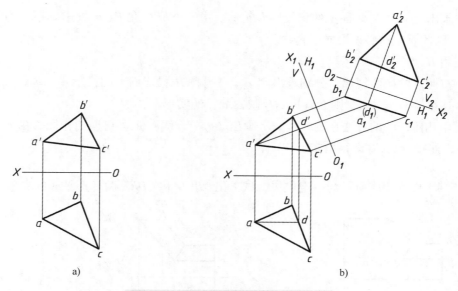

图 5-17　一般位置平面变换成正平面

例 5-3　如图 5-18a 所示，已知△ABC，求∠C 的平分线。

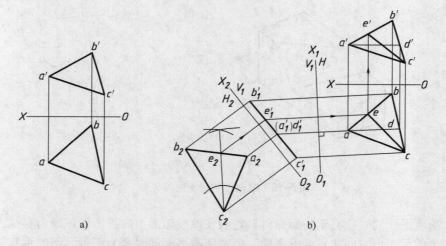

图 5-18　确定△ABC 中∠C 的角平分线

解　由于△ABC 为一般位置平面，它在 H 面和 V 面上的投影均不反映实形，因此要求出△ABC 中∠C 的角平分线，必须先将△ABC 经两次换面后变为新投影面的平行面。参考图 5-16 所示的作图过程，继续在△$a_2b_2c_2$ 上求∠C 的角平分线及投影（见图 5-18b），作图步骤如下：

1）在△ABC 上求作水平线 AD。过 a′作 OX 轴的平行线，并与 b′c′相交于 d′。由 d′得 d，则 ad、a′d′为所作水平线 AD 的两面投影。

2）选择 V_1 面垂直于 AD，作 $O_1X_1 \perp ad$。

3) 求出 $\triangle ABC$ 在 V_1 面上的新投影 $b_1'a_1'c_1'$。由于 $\triangle ABC$ 在 V_1/H 投影体系中为 V_1 面的垂直面，因此 $b_1'a_1'c_1'$ 必积聚成一直线。

4) 用 H_2 代替 H，作 $O_2X_2 /\!/ b_1'a_1'c_1'$。

5) 按照点的换面规律，分别求出 b_1'、a_1'、c_1' 在 H_2 投影面上的投影 a_2、b_2、c_2。

6) 连接 a_2、b_2、c_2，则 $\triangle a_2 b_2 c_2$ 反映 $\triangle ABC$ 的实形。

7) 用几何作图的方法在 $\triangle a_2 b_2 c_2$ 上画出 $\angle c_2$ 平分线 $c_2 e_2$，再逆向作图，由 e_2 求出 e_1' 和 e、e'，连接 ce、$c'e'$ 即得所求。

例 5-4　图 5-19a 所示为一定位块，试求出 $ABCD$ 和 $CDEF$ 两梯形平面的夹角 θ。

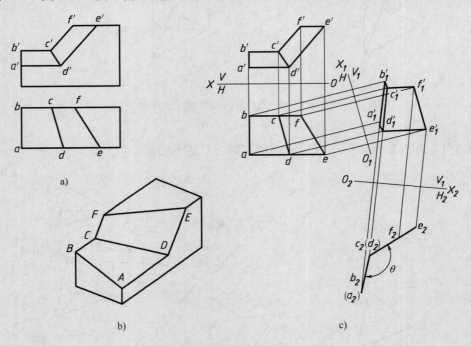

图 5-19　求定位块两侧面的夹角

解　当两平面同时垂直于投影面时，它们在该投影面上的投影均积聚为直线，两积聚直线的夹角就反映出空间两平面的夹角。但要使两平面同时变为新投影面的垂直面，就必须把它们的交线变换为新投影面的垂直线。图 5-19a 中所给两梯形平面的交线 CD 是一般位置直线，故需两次换面，才能达到目的。其作图步骤如下（见图 5-19c）：

1) 第一次换面，将交线 CD 变为新投影面的平行线。为此，取 $O_1X_1 /\!/ cd$，并作出两梯形平面上各顶点的新投影 a_1'、b_1'、c_1'、d_1'、e_1'、f_1'。

2) 第二次换面，将交线 CD 由投影面平行线变换为投影面垂直线。为此，取 $O_2X_2 \perp c_1'd_1'$（此时旧轴应为 O_1X_1），并作出两梯形平面各顶点在第二次变换后的新投影 a_2、b_2、c_2、d_2、e_2、f_2。经两次换面后，平面 $ABCD$ 和 $CDEF$ 的新投影 $a_2b_2c_2d_2$ 和 $c_2d_2e_2f_2$ 均积聚为两条直线，此两条直线的夹角就是两梯形侧面 $ABCD$ 和 $CDEF$ 的夹角 θ。

例5-5 如图5-20a 所示，已知交叉两输送管 AB 和 CD 的位置，现在要用一根最短的管子将它们连接起来，求连接点的位置及连接管的长度。

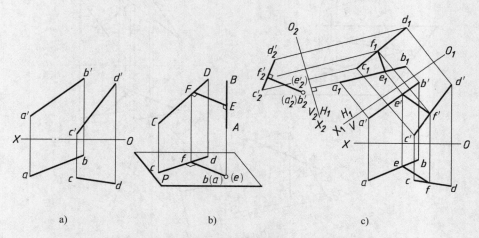

a)　　　　　　　b)　　　　　　　c)

图 5-20 求两交叉输送管的最短连接管方法之一

解 两输送管 AB、CD 在空间是交叉两直线，它们之间的最短距离为其公垂线，因此本题可归结为求交叉两直线的公垂线。求两交叉直线公垂线的作图方法，在前面已讨论过。这里介绍用换面法的作图方法。

如图 5-20b 所示，将两交叉直线中的一条直线 AB（或 CD）变为新投影面的垂直线，则公垂线 EF 必平行于新投影面，其新投影反映它的实长，且与另一直线 CD 在新投影面上的投影成直角（直角投影定理）。其作图步骤如下（见图 5-20c）：

1）先将直线 AB 在 V/H_1 投影体系中变为 H_1 的平行线，再在 V_2/H_1 投影体系中变为 V_2 面的垂直线，直线 CD 也随之进行相应的变换（两次换面）。

2）过 b'_2（即 a'_2 和 e'_2）作 $b'_2 f'_2 \perp c'_2 d'_2$。由 f'_2 可得 f_1，过 f_1 作 $f_1 e_1 /\!/ O_2 X_2$（EF 平行于新投影面 V_2），$e'_2 f'_2$ 和 $f_1 e_1$ 即为公垂线 EF 在 V_2、H_1 面上的投影。根据 $f_1 e_1$ 返回，求出 EF 在 H、V 面上的投影 ef、$e'f'$。点 E 及 F 为两管距离最近的连接点，$e'_2 f'_2$ 为连接管的实长。

又如图 5-21a 所示，若将两交叉直线 AB、CD 经过投影变换后，使其同时平行于一个新的投影面 Q，这时两直线的公垂线必垂直于 Q 面，它在 Q 面上的投影必在两直线投影的交点（重影点）所在的位置，而它的实长在另一投影面上能反映出来。为使交叉两直线同时平行于一个投影面，可通过两直线之一（如 AB）作一直线 $AG /\!/ CD$，则 CD 平行于 $\triangle ABG$。经过两次换面后（见图 5-21b），可使 $\triangle ABG$ 平行于新投影面 H_2，直线 CD 也随之进行相应的变换。这时，在 V_1/H_2 投影体系中，AB 与 CD 同时平行于 H_2 面，因而两直线在 H_2 面上的重影点 $f_2(e_2)$ 即为公垂线的投影（积聚成点），公垂线 EF 在 V_1 面上的投影 $e'_1 f'_1$ 垂直于 $O_2 X_2$ 轴，且反映实长，由 e'_1、f'_1 可返回求出 ef（$ef /\!/ O_1 X_1$），进而求出 $e'f'$。

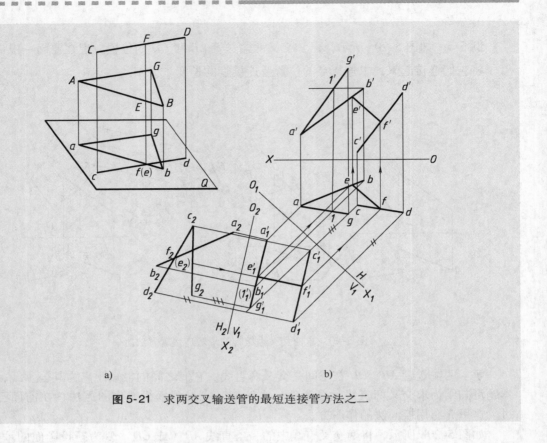

图 5-21　求两交叉输送管的最短连接管方法之二

第三节　旋　转　法

一、基本概念

旋转法是投影面保持不动，将空间几何元素绕同一根轴旋转 θ 角后，使其处于有利于解题的位置，再向投影面作投影。当旋转轴确定后，空间几何形体旋转的投影是如何变化呢？首先研究空间一个点的旋转情况。

如图 5-22 所示，空间有一点 A，以点 O 为中心、OA 为半径绕轴 OO 顺时针做圆周运动旋转到 A_1 的位置。在旋转过程中，点 O 称为旋转中心，OA 称为旋转半径，旋转过的角度称为旋转角 θ，圆所在的平面称为旋转平面 P。旋转点 A、旋转轴 OO、旋转平面 P、旋转中心 O 和旋转半径 OA，称为旋转的五要素。由此可看出，当空间几何元素绕某轴做旋转时，其旋转情况如下：

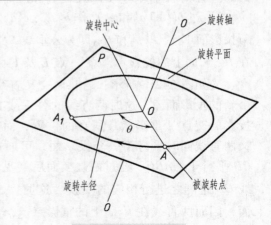

图 5-22　点的旋转

空间几何元素上的各点，都各自在垂直于该轴的旋转平面内做同方向、同角度旋转的圆周运动，圆周的中心是旋转轴与旋转平面的交点，圆周的半径是点至圆周中心的距离。应当注意的是，旋转必须遵循"同轴、同方向和同角度"的三同原则。这样，空间几何元素上任意两点间的相对位置，在旋转过程中始终保持不变。

在上述旋转五要素中，旋转轴起着决定作用。只要旋转的位置确定了，空间几何元素上各点的旋转平面、旋转中心、旋转半径也就相应地确定了。

在解决各种问题时，为作图方便，通常选用垂直于投影面或平行于投影面的直线为旋转轴。前者称为绕垂直轴旋转，后者称为绕平行轴旋转。本书将较详细讨论前者，后者仅做一些介绍。

二、绕投影面的垂直轴旋转

（一）绕指明的垂直轴旋转

1. 点的旋转及投影规律

如图 5-23a 所示，旋转轴 OO 为铅垂线（绕铅垂轴旋转），则 A 点的旋转平面 P 必平行于水平面，其旋转中心是轴 OO 与旋转平面 P 的交点 O_A，旋转半径是 $O_A A$。A 点的旋转轨迹（圆周）在投影面上的投影反映实形，它在 V 面上的投影则是一条平行于 OX 轴的直线。当 A 点旋转一个 θ 角到 A_1 点位置时，其水平投影 a 也旋转 θ 角到 a_1 的位置，其正面投影 a' 平移到 a_1' 位置，$a'a_1'$ 的连线平行于 OX 轴。图 5-23b 所示是其投影图。

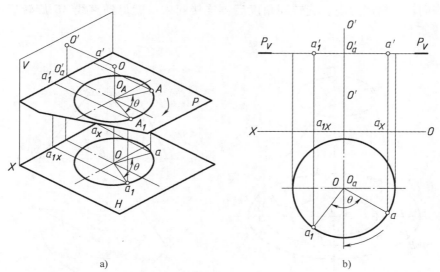

a)　　　　　　　　　　　　b)

图 5-23　点绕铅垂轴旋转

作图步骤如下：

1）以 O 为圆心、aO 为半径画旋转角为 θ 的圆弧，得 a_1。

2）过 a' 作 OX 的平行线。

3）过 a_1 作 OX 的垂直线，它与过 a' 作的平行线交于一点，此点为 a_1'。

图 5-24 所示是空间点 A 绕正垂线（轴）旋转 θ 角后到新位置 A_1 时的作图。

由此可见，当点绕垂直于投影面的轴旋转时，其投影规律为：点在垂直于旋转轴的投影

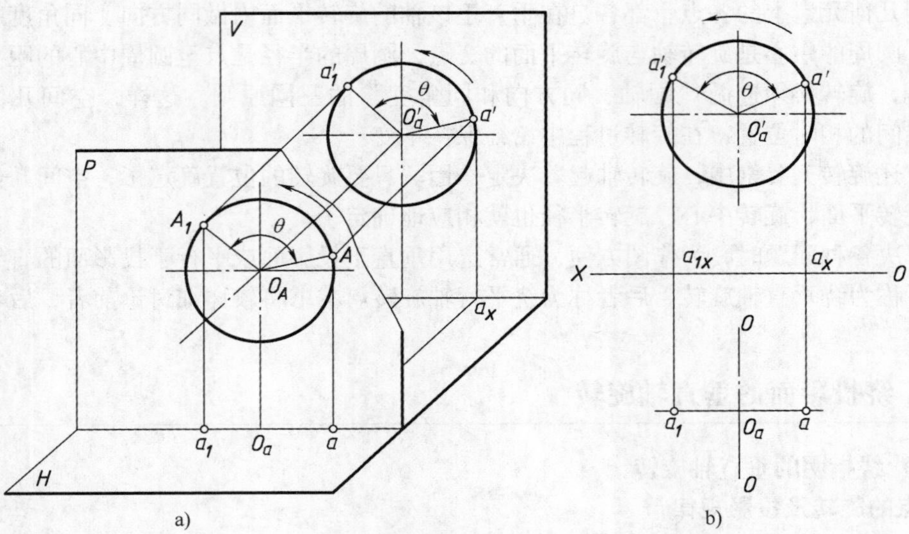

图 5-24　点绕正垂轴旋转

面上的投影做圆周运动，在另一投影面上的投影做与 OX 轴平行的直线移动。

2. 直线的旋转及投影规律

如图 5-25a 所示，求直线 AB 绕铅垂线（轴）旋转 θ 角后的新投影，只要使该直线上的两个端点绕同轴、沿同方向、旋转同角度后再连接起来，就得到直线 AB 旋转后的新投影。其作图步骤如下：

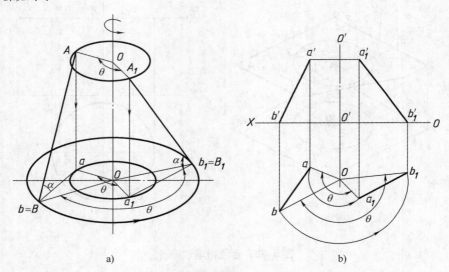

图 5-25　直线的旋转

1）按照点的旋转规律，先作出点 $A(a, a')$ 和点 $B(b, b')$ 旋转 θ 角以后的新投影 A_1 (a_1, a_1') 和 $B_1(b_1, b_1')$。这时，A、B 两点的旋转中心是 O，A 点的旋转半径为 $OA(oa)$，B 点的旋转半径为 $OB(ob)$。

2）连接 a_1 和 b_1、a_1' 和 b_1'，即得所求直线 AB 绕轴 OO 旋转 θ 角以后的新投影 a_1b_1、$a_1'b_1'$。

由于点 A 和点 B 绕同轴、沿同方向、旋转同角度，因此点 A 与点 B 旋转前后的相对位置不变。

从图 5-25 中可看出，在 $\triangle oab$ 和 $\triangle oa_1b_1$ 中，$oa = oa_1$、$ob = ob_1$、$\angle aob = \angle a_1ob_1$，所以 $\triangle oab \cong \triangle oa_1b_1$，即 $ab = a_1b_1$。因此，当直线绕铅垂线（轴）旋转时，其水平投影的长度不变。这样，既反映了该直线与 H 面的倾角不变，又反映了直线上两端点的 z 坐标差不变。即在旋转过程中，其正面投影的两个端点到投影轴 OX 的坐标差是不变的。

不难推出，直线绕正垂线（轴）旋转时，其正面投影的长度不变，其他投影的两个端点的 y 坐标差不变。

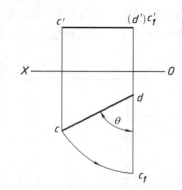

图 5-26　水平线旋转成正垂线

由此可知，直线绕垂直于投影面的轴旋转时，其投影规律为：直线在与旋转轴垂直的投影面上投影长度不变，另一投影的两个端点与投影轴的坐标差不变。

1）平行线（以水平线为例）旋转成垂直线，旋转轴为铅垂线。图 5-26 所示为水平线 CD 绕过点 D 的铅垂线（轴）旋转变成正垂线的情形。其作图步骤如下：

① 以 d 为圆心，将 cd 旋转 θ 角，使得 cd（即为 c_1d）垂直于 OX 轴（投影长度不变）。

② 根据直线绕垂直于投影面的轴旋转时的投影规律，过 c' 作平行于 OX 轴的平移运动后与 d' 重合为 c'_1（投影的坐标差不变）。

2）一般位置直线旋转成平行线，旋转轴为正垂线。图 5-27 所示为直线 AB 绕过 B 点的正垂线（轴）旋转成水平线的作图方法。其轴 OO 通过直线 AB 上的 B 点（轴 OO 未画出），此点在旋转时位置不变。所以，只要旋转另一点 A 即可，作图步骤如下：

① 以 b' 为圆心、$a'b'$ 为半径画圆弧，再过 b' 作 OX 轴的平行线，它与所作圆弧的交点即为 A 点旋转后的正面投影 a'_1。

② 由 a 作直线平行于 OX，此直线与自 a'_1 所作 OX 的垂直线交于 a_1，a_1 即为 A 点旋转后新的水平投影。

③ 连接 b 和 a_1、b' 和 a'_1，即得所求直线 AB 旋转后的新投影 a_1b、a'_1b'。这时，由于直线 AB 是水平线，因此 a_1b 反映直线 AB 的实长，a_1b 与 OX 轴（OX 轴平行线）的夹角反映直线 AB 与 V 面的倾角 β。

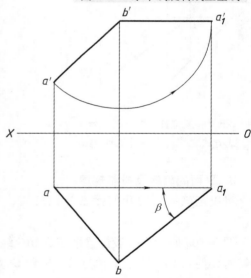

图 5-27　一般位置直线旋转成水平线方法之一（过端点 B 的轴）

图 5-28 所示为将一般位置直线 AB 旋转成水平线的另一种作图方法。将直线 AB 绕正垂线（轴）旋转成水平线，但图中旋转轴不是旋转线段上 A、B 两点，而是将 AB 和旋转轴（正面投影积聚成点 o'）的公垂线 OK 和 AB 直线一道绕旋转轴旋转。这时，K 点的旋转中心是 O，旋转半径是 OK。现将 OK 旋转 θ 角，使 OK 的新投影 OK_1 垂直于 H 面，则直线 AB 也

跟着旋转到平行于 H 面的位置。因此，$a_1'b_1'$ 平行于 OX 轴，a_1b_1 反映直线 AB 的实长，a_1b_1 与 OX 轴的夹角反映直线 AB 与 V 面的倾角 β。

3）一般位置直线旋转成垂直线。由图 5-26 和图 5-27 可知，将平行线旋转成投影面的垂直线和将一般位置直线旋转成投影面的平行线，均只需一次旋转。由于直线绕垂直于某一投影面的轴旋转时，直线对该投影面的倾角不变，因此要使一般位置直线绕垂直于投影面的轴旋转成为投影面的垂直线，必须旋转两次。先将一般位置直线旋转成投影面的平行线，然后再旋转一次，变成投影面的垂直线（见图 5-29），具体步骤略。同时，可以看出多次旋转和换面法一样，旋转轴也要交替变换，切不可仅用一个投影面的垂直轴连续旋转。

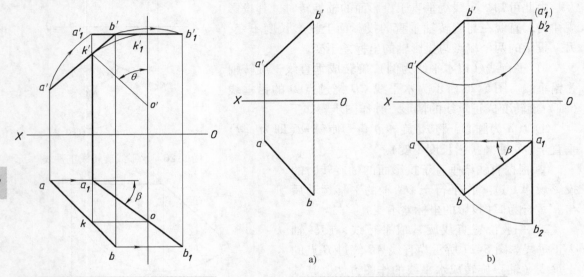

图 5-28　一般位置直线旋转成水平
线方法之二（过线外的轴）

图 5-29　一般位置直线旋转成正垂线

3. 平面的旋转及投影规律

将决定该平面的几何元素加以旋转，求出它们旋转后的投影，即得平面旋转后的新投影。

图 5-30a 所示为一般位置平面 $\triangle ABC$ 绕铅垂线（轴）按逆时针方向旋转 θ 角后的情况。旋转时，使 $\triangle ABC$ 的三个顶点 A、B 和 C 绕同轴、沿同方向、旋转同一角度后，作出其投影，即得 $\triangle ABC$ 旋转的新投影。

由图 5-30a 所示的水平投影可以看出：因 $ab = a_1b_1$，$bc = b_1c_1$，$ca = c_1a_1$，故 $\triangle abc \cong \triangle a_1b_1c_1$。所以，当一平面图形绕铅垂直线（轴）旋转时，其水平投影的形状和大小不变。这样，既反映了该平面与 H 面的倾角 α 不变，又反映了平面图形上各点的 z 坐标差不变。因此，在旋转过程中，其正面投影各点到投影轴 OX 的 z 坐标差也是不变的。

不难推出，平面绕正垂线（轴）旋转时，其正面投影的形状和大小不变，平面上（每一点）另一投影的 y 坐标差不变。

由此可知，平面绕垂直轴旋转时，其投影规律为：在垂直于旋转轴的投影面上的投影（形状和大小）不变，另一投影（图形上各点）在与旋转轴平行的投影轴上的坐标差不变。

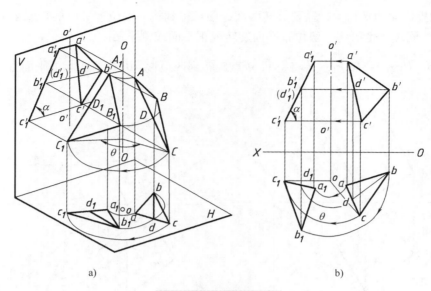

图 5-30　平面的旋转

1）一般位置平面旋转成垂直面。那么，绕同轴、沿同方向、旋转多大的角度，才能使一般位置平面变成投影面的垂直面呢？

我们知道，如果平面上有一直线垂直于某一投影面时，则此平面必垂直于该投影面。因为只有投影面的平行线才能经一次旋转成为投影面的垂直线，所以必须设法在平面上取一条投影面的平行线，将该直线（连同平面一起）旋转成某个投影面的垂直线时，平面也就旋转成该投影面的垂直面。

图 5-30b 所示为一般位置平面 $\triangle ABC$ 绕铅垂线（轴）按顺时针方向旋转后，变成正垂面的作图步骤：

① 在 $\triangle ABC$ 内取一水平线 BD。

② BD 绕铅垂线（轴）旋转 θ 角后垂直于 V 面；同时，使 $\triangle ABC$ 随同 BD 旋转同一个角度至 $A_1B_1C_1$ 的位置，因为直线 BD 为正垂线，所以 $\triangle A_1B_1C_1$ 为正垂面，其正面投影 $a_1'b_1'c_1'$ 必积聚成一直线，$a_1'b_1'c_1'$ 与 OX 轴的夹角反映出 $\triangle ABC$ 与 H 面的倾角 α。

2）垂直面（以正垂面为例）旋转成平行面，旋转轴为正垂线。如图 5-31 所示，将正垂面 $\triangle ABC$ 旋转成水平面，因水平面和正垂面对 V 面的倾角 β 均为 $90°$，以正垂线为旋转轴，经一次旋转，就可将正垂面旋转成水平面。现取旋转轴通过点 A，其作图步骤如下：

① 以 a' 为圆心，将 $a'b'c'$ 旋转到平行于 OX 轴的位置 $a_1'b_1'c_1'$（投影的形状大小不变）。

② 分别过 b_1'、c_1' 作直线垂直于 OX 轴。

③ 分别过 b、c 作直线平行于 OX 轴，它们与过 b_1'、c_1' 作垂直于 OX 轴的直线分别相交于 b_1、c_1（投影的坐标差不变）。$\triangle a_1b_1c_1$ 和 $\triangle a_1'b_1'c_1'$ 即为 $\triangle ABC$ 旋转成水平面后的两面投影，$\triangle a_1b_1c_1$ 为 $\triangle ABC$ 的实形。由此可见，旋转法求实形比较方便。

3）一般位置面旋转成平行面。由图 5-30 可知，将一般位置平面旋转成投影面的垂直面、垂直面旋转成投影面的平行面，均只需一次旋转。平面沿铅垂线（轴）旋转时，α 角不变；绕正垂线（轴）旋转时，β 角不变；绕侧垂线（轴）旋转时，γ 角不变。而要把一般位置平面变成投影面的平行面，需要旋转两次，便可得到将一般位置平面旋转成水平面的投影图（图略）。同理，也可将一般位置平面旋转成正平面或侧平面。

例5-6　如图5-31a所示，将空间 M 点旋转到四边形 ABCD 所表示的平面上。

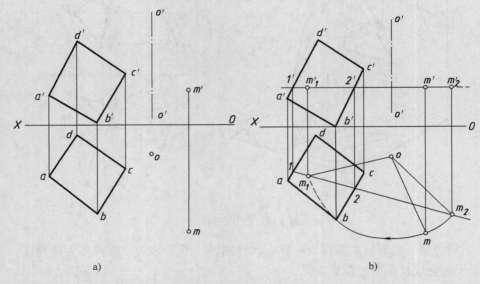

a)　　　　　　　　　　　　　b)

图5-31　把点旋转到平面上

解　因为 M 点旋转的轨迹是水平圆（取铅垂线为旋转轴），所以解的位置必是圆与四边形平面的交点。故先求出过 m' 的旋转平面与四边形平面的交线 Ⅰ Ⅱ，然后求出它与圆的交点，即为所求。若交线 Ⅰ Ⅱ 与圆相切，只有一个解；若相离，则无解。该题有两解，即图中两面投影所表示的点 M_1（在四边形 ABCD 内）和点 M_2（在四边形 ABCD 所决定的平面上）。其作图步骤如下（见图5-31b）：

1）过 m' 点作 OX 轴平行线，与 a'd'、b'c' 分别交于 1' 和 2' 点（即平面上水平线 Ⅰ Ⅱ 的正面投影）。

2）由正面投影 1'2' 求其水平投影 1 2 并适当延长。

3）以铅垂线（轴）的水平投影 o 为圆心、om 为半径画圆弧，交 1 2 于 m_1 和 m_2。

4）根据两面投影规律求得 m'_1 和 m'_2，M_1 和 M_2 点就是本题的解。

（二）绕未指明的垂直轴旋转

绕未指明的垂直轴旋转，也称为平移法。它与绕指明的垂直轴旋转没有本质上的区别，只是在作图的过程中不画出旋转轴的投影。

由直线和平面绕指定的垂直轴旋转时的旋转规律可知：直线和平面一个投影的原形不变，其他投影的坐标值不变。这两个不变的性质，是平移法的作图依据。

在绕指定的垂直轴旋转时，由于作图空间受旋转轴位置的限制，新投影往往与原投影相近或重叠，影响图面的清晰度；而绕未指定垂直轴旋转时，则无此限制，故作图位置比较灵活，提高了图面的清晰度。

例5-7　如图 5-32a 所示，求作与△ABC 三顶点等距离点的轨迹。

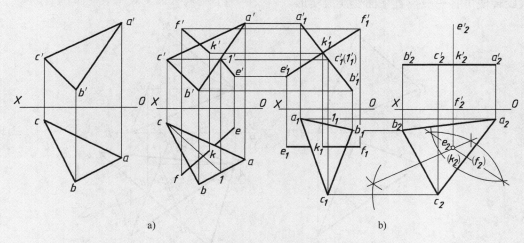

图 5-32　三点等距离点的轨迹

解　由几何知识可知，到△ABC 三个顶点等距离点的集合，是一条过△ABC 外心并与△ABC 相垂直的直线。其作图步骤如下（见图 5-32b）：

1）先在△ABC 上取一条水平线，其正面投影为 $c'1'$，水平投影为 $c1$。

2）以 $c1$ 为辅助线，将水平投影△abc 绕不指定的铅垂线（轴）旋转到使 $c_1 1_1$ 垂直于 OX 的位置，并作△$a_1 b_1 c_1$ 相似于△abc（到 OX 轴的距离可任取）。

3）根据 z 坐标不变的性质，过 a'、b'、c' 分别作 OX 轴的平行线（相当于平移，故称为平移法），并与过 a_1、b_1、c_1 的三条垂直于 OX 轴的线对应相交于 a_1'、b_1'、c_1'，连接后得积聚性的正面投影 $a_1' b_1' c_1'$。

4）根据形状与大小不变的性质，将正面投影 $a_1' b_1' c_1'$ 绕不指明的正垂线（轴）旋转到与 OX 轴平行的位置 $a_2' b_2' c_2'$（OX 轴的距离可任取）。

5）根据 y 坐标不变的性质，过 a_1、b_1、c_1 分别作 OX 轴的平行线（相当于平移），并与过 a_2'、b_2'、c_2' 的三条垂直于 OX 轴的线对应相交而得 a_2、b_2、c_2。△$a_2 b_2 c_2$ 反映了△ABC 的实形。

6）用几何作图法求作△$a_2 b_2 c_2$ 的外心 k_2。

7）过 k_2 作铅垂线 $e_2 f_2$，它必垂直于△$a_2 b_2 c_2$。返回作图即可求出到△ABC 三顶点等距离点的轨迹 EF 的两面投影 $e'f'$ 和 ef。

三、绕投影面的平行轴旋转

如图 5-33 所示，用绕水平轴旋转法，求△ABC 的实形。

在已知投影图上求出平面△ABC 的正平线 AE 和水平线 AD，在 H 面上以 ad 为平行的旋转轴进行旋转从而求出△ABC 的实形，即△$A_0 B_0 C_0$（见图 5-33b）。这里注意：△ABC 平面上各点（*B*、*C*、*E*）旋转前后的连线始终垂直于旋转轴 *AD*。用这种方法作图的优点是通过一次旋转便可将一般位置平面变换成实形。

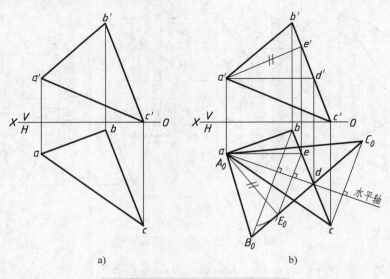

a)　　　　　　　　　　　b)

图 5-33　绕投影面平行轴的旋转

四、综合问题

如图 5-34 所示，已知 $\angle ABC = 120°$，求 *AB* 的投影。其作图过程如图 5-34b、c 所示。

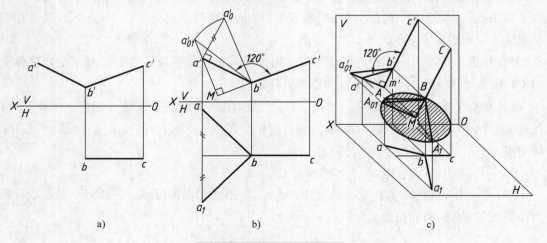

a)　　　　　　　　　b)　　　　　　　　c)

图 5-34　直线旋转求投影

其作图步骤留给读者自行总结。

第六章

立 体

立体是所涉及的几何形体中最简单的基本立体。通常指的立体是单一基本体，是由平面或曲面以及平面加曲面围成的立体。

立体的表面是由不同的面围成的。由若干个平面围成的立体是平面立体，由曲面或平面与曲面共同围成的立体是曲面立体。平面立体和曲面立体统称为基本立体。相对于组合体而言，基本立体是构成组合体的基本单元体。

第一节　平面立体的投影及表面取点

平面立体的投影实际上就是按正投影的方法，将平面立体置于三投影面体系中，然后将其棱边以及顶点的投影画出，最后判别可见性。可见轮廓线的投影用粗实线画出，不可见的轮廓线用虚线画出。

一、六棱柱

投影分析：六棱柱是由上、下底（都是正六边形）及六个侧表面围成的。按图 6-1 所示的摆放位置，将六棱柱置于三投影面体系中，其上、下底的水平投影是六边形（反映实形），而六个侧表面由于都垂直于 H 投影面，因此这六个侧表面的水平投影都积聚成直线。

在正面投影中，由于六棱柱的上、下底都垂直于 V 面，且在 V 面上的投影都积聚成直线。而六个侧表面中，前、后两个侧表面都平行于 V 面，因此这两个侧表面在 V 面上的投影反映实形，其余四个侧表面相对于正投影面是倾斜的，因此都不反映实形。

六棱柱的侧面投影的分析与正面投影类似。六棱柱的上、下底以及前、后两侧表面都垂直于 W 面，因此其侧面投影也积聚成直线。另外四个侧表

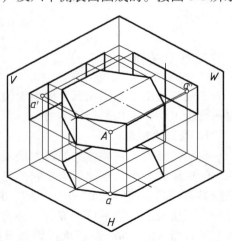

图 6-1　正六棱柱的投影

面都倾斜于 W 面，因此在 W 面上的投影都不反映实形。其三面投影图如图 6-2 所示。

可见性分析：六棱柱的左前、前及右前三个侧表面在正面投影中是可见的，六棱柱的左前及左后两侧表面在侧面投影中是可见的，其余都是不可见的。

1. 画三面投影

根据六棱柱的结构形状，为了画图方便，先画出水平投影的六边形。具体作图方法是：以六棱柱的六个顶点作外接圆，再六等分圆，画出六边形的水平投影。六棱柱的摆放位置如图 6-1 所示。然后根据正面投影与水平投影的投影关系，在 V 面量取六棱柱的高度，画出六棱柱的正面投影。最后由正面投影及水平投影与侧面投影的投影关系，画出六棱柱的侧面投影。

2. 立体表面取点

在六棱柱的左前侧表面上存在一点 A，利用 A 点所在的侧表面的水平投影具有积聚性的特性，由 a' 向水平投影连线交于圆两点，取前一点即为 A 点的水平投影 a。由正面投影 a' 及水平投影 a 求出侧面投影 a''（见图 6-2）。

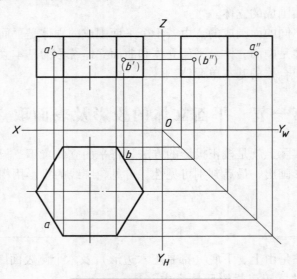

图 6-2　正六棱柱表面取点

二、三棱锥

三棱锥是由下底以及三个侧表面围成的平面立体。其摆放位置如图 6-3 所示，即后下棱边平行于 V 面，底面平行于 H 面。

1. 画三面投影

我们已经有了六棱柱的投影方法及概念，因此在没有画三棱锥的投影图之前，先做这样的空间想象和分析，空间想象出它的三面投影：三棱锥的三个侧表面都倾斜于正投影面及水平投影面，两个前侧表面 SAC 及 SBC 也都倾斜于 W 面，而后侧表面 SAB 是垂直于 W 面的。另外，三棱锥的下底平行于 H 面、垂直于 V 面及 W 面。因此，三棱锥的后侧表面 SAB 及两个前侧表面 SAC、SBA 的正面投影都不反映实形，而反映类似形。其中后侧表面的正面投影是不可见的。三棱锥下底的正面投影积聚成直线；三棱锥的三个侧表面的水平投影都不反映实形，而反映类似形。其中下底面 ABC 的水平面投影反映实形，但是是不可见的。由于三棱锥的后侧表面及下底面都垂直于侧投影面，因此它们的侧面投影都具有积聚性，积聚成直线。两个前侧表面 SAC、SBC 的侧面投影都不反映实形，而反映类似形。其中右前侧表面 SBC 的侧面投影是不可见的。根据三棱锥三面投影之间的投影关系，量取尺寸，画出它的三面投影，如图 6-4 所示。

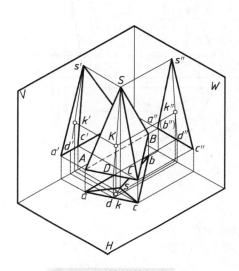

图 6-3 三棱锥的投影

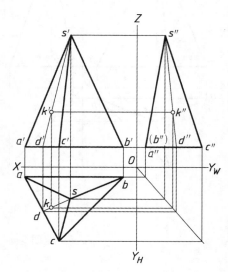

图 6-4 三棱锥表面上取点一

2. 立体表面取点

三棱锥左前侧表面 SAC 上的一点 K，已知点 K 的正面投影 k'，求点 K 的水平投影 k 和侧面投影 k″。利用平面内取点取自于直线的方法求解。三棱锥表面取点的作图方法有两种。

方法一：在点 A 所在平面 SAC 内过已知点 K 的正面投影 k' 及锥顶 s' 作一辅助线，交棱锥底边 a'c' 于 d'，该辅助线是平面 SAC 内的直线。由平面内取直线的投影方法，求出辅助直线的水平投影 sd。根据点在直线上，点的投影仍在直线同面投影上的投影原理，点的水平投影 k 仍在该辅助线的水平投影 sd 上，即由 k' 向水平投影画线交于辅助线水平投影 sd 于一点 k，即为点 K 的水平投影 k。最后由点 K 的正面投影 k' 及水平投影 k 得到点 K 的侧面投影 k″（见图 6-4）。

方法二：如图 6-5a 所示，已知点 K 的正面投影 k'，因点 K 在棱锥侧表面 SAC 内，在该侧表面内过点 K 作一辅助线 MN，使平行于该侧表面内棱锥下底边 AC。如图 6-5b 所示，在正面投影图中过 k' 作下底边的投影 a'c' 的平行线 m'n'，再根据两平行直线投影后各组同面投影仍平行的原理，以及平面内取线的方法，作出平行线的水平投影 mn，且仍平行于下底边的水平投影 ac。根据点在直线上，点的投影仍在直线同面投影上的投影原理，由 k' 向水平投影作连线，交于平行线 mn 上，其交点即为所求点 K 的水平投影 k；最后由点的投影方法，即由 k' 及 k 向侧面投影作投影连线，求得点 K 的侧面投影 k″。

判别可见性：由于点 K 所在的平面 SAC 的侧面投影是可见的，因此其表面内点的侧面投影 k″ 也是可见的（见图 6-5b）。

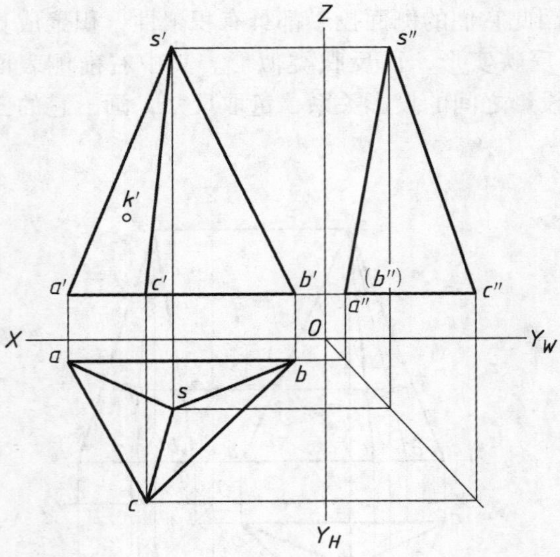

图 6-5 三棱锥表面上取点二

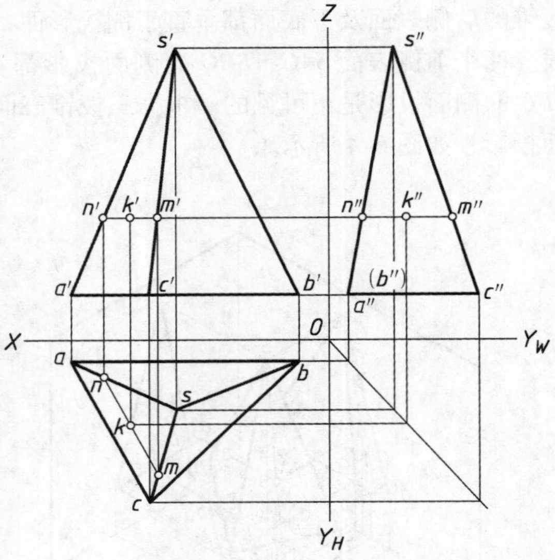

a) 已知点 K 的正面投影 k' b) 求 k 及 k''

第二节 曲面立体的投影及表面取点

曲面立体是由曲面或平面和曲面围成的基本立体。它是机械零件或组合体结构中最常见的基本形体之一。研究曲面立体的投影，有助于以后更好地学习和掌握立体表面的交线及画组合体的投影图。

一、圆柱体

如图 6-6 所示，圆柱体可看作是由一条母线 MN 绕轴线旋转一周形成的表面而围成的立体。为了方便分析圆柱体的投影，把母线 MN 在绕轴线旋转过程中每一时刻的位置，称为圆柱体表面的素线。因此，也可以把圆柱体表面看作是由无数条素线围成的。

1. 投影分析

在圆柱体表面的无数条素线中，有四条特殊位置素线，即圆柱表面的最左、最右、最前和最后素线。由空间想象可知，其中最左和最右两条素线将圆柱体表面分成了前半柱面和后半柱面。在正面投影中，显然前半柱面是可见的，而后半柱面是不可见的。因此，最左和最右两条素线是圆柱体表面在正面投影中可见与不可见的转向轮廓素线（分界线），其正面投影是矩形。圆柱表面的最前和最后素线则将圆柱体表面分成了左半柱面和右半柱面。在侧面投影中，显然左半柱面是可见的，而右半柱面是不可见的。因此，最前和最后两条素线是圆柱体表面在侧面投影中可见与不可见的转向轮廓素线（分界线），其侧面投影也是矩形。在水平投影面圆柱体的侧表面由于垂直于 H 面，所以具有积聚性，其水平投影是圆。现在我们可以依照上面的想象来画出圆柱体的三面投影，如图 6-7 所示。

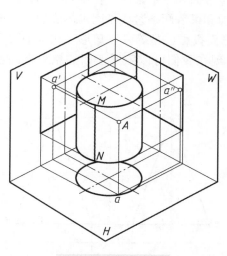

图 6-6 圆柱的投影

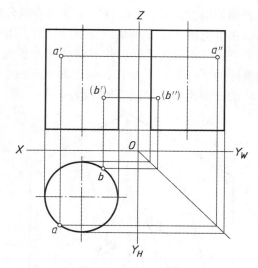

图 6-7 圆柱表面取点

2. 作图方法

鉴于圆柱体的结构特点，它的水平投影是圆，先画出圆柱体的水平投影（有利于其他两个投影图的画图），再由水平投影根据"三等"规律及圆柱体的高度尺寸画出正面投影和侧面投影（见图 6-7）。

应该注意的是，圆柱体的四条转向轮廓素线在投影图中的位置。最左及最右转向轮廓素线的正面投影是左右的轮廓线，水平投影在圆的对称线上，而侧面投影在轴线上。最前及最后转向轮廓素线的正面投影在轴线上，其水平投影也在圆的对称线上，而侧面投影则是投影图的前后轮廓线（见图 6-7）。

3. 表面取点

如图 6-6 所示，在圆柱体的左前侧表面上有一点 A，在投影图中，已知点 A 的正面投影 a'，求其水平投影 a 及侧面投影 a''。由于点 A 的水平投影 a 在圆柱体的水平投影圆上，由 a' 向水平投影连线交于圆前半柱面的点即是点的水平投影 a。由点的正面投影 a' 及水平投影 a 分别向侧面投影作连线，求出侧面投影 a''。由于点 A 在圆柱体的左前侧表面上，因此它的正面投影 a' 及侧面投影 a'' 都是可见的。

二、圆锥体

如图 6-8 所示，圆锥体可看作是由一母线 SN 与轴线成一定夹角，且绕轴线旋转一周围成的立体。与圆柱体的分析一样，在母线绕轴线旋转的每一时刻的位置也称为圆锥体表面的素线。因此，也可以把圆锥体表面看作是由无数条素线围成的。

1. 投影分析

在圆锥体表面的无数条素线中，也有四条特殊素线，即圆锥表面的最左、最右、最前和最后素线。其中最左和最右两条素线将圆锥体表面分成了前半锥面和后半锥面。在正面投影中，前半锥面显然是可见的，而后半锥面是不可见的。因此，最左和最右两条素线是圆锥体表面在正面投影中可见与不可见的转向轮廓素线（分界线），其正面投影是等腰三角形。圆锥表面的最前和最后素线则将圆锥体表面分成了左半锥面和右半锥面。在侧面投影中，左半锥面是可见的，而右半锥面是不可见的。因此，最前和最后两条素线是圆锥体表面在侧面投影中可见与不可见的转向轮廓素线（分界线），其侧面投影也是等腰三角形。在水平投影面圆锥体的下底平行于 H 面，所以其水平投影是圆。现在我们可以依照上面的想象来画出圆锥体的三面投影，如图 6-9 所示。

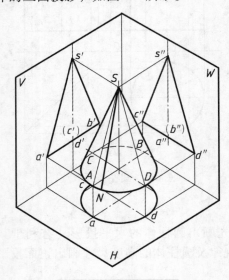

图 6-8 圆锥的投影

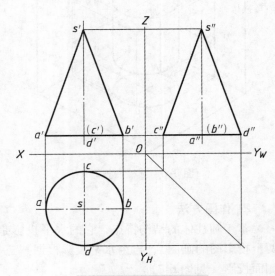

图 6-9 圆锥表面取点

2. 作图方法

鉴于圆锥体的结构特点，由于圆锥体的水平投影是圆，先画出圆锥体的水平投影（有利于其他两个投影图的画图），再由水平投影根据"三等"规律及圆锥体的高度尺寸画出正面投影和侧面投影（见图 6-9）。

与圆柱体一样，也应该注意圆锥体的四条转向轮廓素线在投影图中的位置。最左及最右转向轮廓素线的正面投影是圆锥体正面投影的左右轮廓线，水平投影在对称线上，而侧面投影也在轴线上。最前及最后转向轮廓素线的正面投影在轴线上，其水平投影也在对称线上，而侧面投影则是投影图的前后轮廓线（见图 6-9）。

3. 表面取点

如图 6-10 所示，在圆锥体的左前侧表面上有一点 A，在投影图中，已知点 A 的正面投影 a'，求水平投影 a 及侧面投影 a''。

方法一：辅助直线法。首先过 a' 作辅助线 $s'n'$，并求出辅助线的水平投影 sn。根据点在直线上点的投影也一定在直线的同面投影上的原理，点 A 的水平投影 a 即在由 a' 向水平投影连线与 sn 的交点上。最后由投影关系得到侧面投影 a''（见图 6-11）。

方法二：辅助圆法。如图 6-10 所示，在圆锥体的右后四分之一侧表面上有一点 B，已知点 B 的正面投影 b'，求水平投影 b 及侧面投影 b''。在空间为了求出 B 点的水平投影 b 及侧面投影 b''，同样要作辅助线。过点 B 作一水平辅助圆。如果求出该辅助圆的各个投影，那么所求点的投影就在圆的同面投影上。由于过点 B 所作的是水平辅助圆，因而辅助圆的正面投影及侧面投影都积聚成直线，水平投影则反映实形圆。

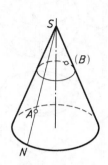

图 6-10 圆锥表面上的点

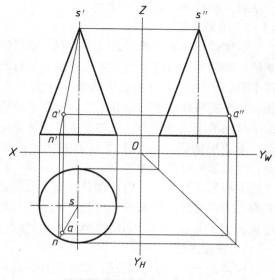

图 6-11 圆锥表面上取点

作图方法如图 6-12 所示，在正面投影图上过 b' 作一水平辅助线（水平圆的正面投影），此时空间点 B 在辅助圆上。应注意的是，正面投影图上所作辅助线与圆锥左右轮廓线的交点就是该辅助圆的直径。根据这个直径向 H 投影面作投影，画出辅助圆的水平面投影（反映实形圆）。再向 W 面作投影，辅助圆的侧面投影也积聚成直线。由正面投影 b' 向水平投影连线，交于辅助圆水平投影于一点，即是点 B 的水平投影 b。按投影关系向侧投影面作投影，即由 b' 及 b 向侧面投影图投影得到点 B 的侧面投影 b''。

可见性判别：如图 6-10 所示，空间点 B 处在圆锥的后右四分之一锥面上，可以想象，凡是处在后半锥面上所有点的正面投影都是不可见的，因此正面投影中 b' 是不可见的，

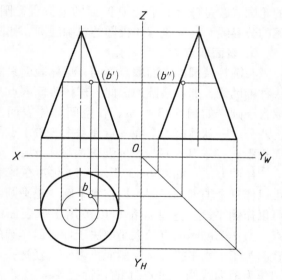

图 6-12 圆锥表面上取点

记作 (b')；点 B 同时又位于圆锥的右半锥面上，可见凡是处在右半锥面上所有点的侧面投影都是不可见的，所以在侧面投影中 b'' 是不可见的，记作 (b'')，如图 6-12 所示。

在立体表面求点时，点的投影求出后，一定要判别点在每个投影图上的可见性。

三、球体

球体可看作是由一圆作为母线绕轴线旋转一周形成的立体。同样可以把母线在旋转的每一时刻的位置看作是球表面的每一条素线。因此，球体表面是由无数条素线围成的，并且每

一条素线都是圆，如图 6-13 所示。

1. 投影分析

在球体表面的无数条素线中，有三条特殊位置素线圆，即球体表面的三个最大直径圆：平行于 V 面的正平圆、平行于 H 面的水平圆和平行于 W 面的侧平圆。正平圆将球体表面分成了前、后两半球面，球体前半球面的正面投影是可见的；水平圆将球体分成了上、下两半球面，球体上半球面的水平投影是可见的；侧平圆将球体分成了左、右两半球面，左半球面的侧面投影是可见的。应该注意的是，凡是处在可见表面上的点或线的同面投影也是可见的，凡是处在不可见表面上的点或线的同面投影是不可见的。

2. 作图方法

球体的三个投影都是圆。即正面投影的轮廓线圆是球表面平行于 V 面的最大直径圆；水平投影的轮廓线圆是球表面平行于 H 面的最大直径圆；侧面投影的轮廓线圆是球表面平行于 W 面的最大直径圆。可见球表面这三个特殊圆既是可见与不可见的分界线圆，又是球体投影的轮廓线圆，如图 6-14 所示。

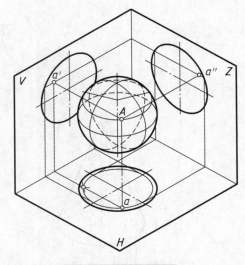

图 6-13　球的投影

3. 表面取点

与圆柱及圆锥表面取点不同，球体表面只能作一种辅助线，那就是圆。因此，球体表面取点只能取自于圆。如图 6-13 所示，在空间球体表面左前上八分之一球体表面存在一点 A，并已知 A 点的正面投影 a'，求其水平投影 a 及侧面投影 a''。

作图方法：如图 6-13 所示，过点 A 在球表面可以作三个辅助圆，即可以作水平圆、正平圆，也可以作侧平圆。这些圆都可以被用于球表面的取点。所作辅助圆的直径大小取决于球表面作圆的位置。为了求水平投影 a 及侧面投影 a''，任选一水平圆作为辅助线圆。过点 A 的正面投影 a' 作水平线交于球正面投影圆于两点，这个水平线是辅助线圆的正面投影。辅助线的长度就是辅助圆直径。以该直径向 H 投影面投影，画出辅助圆的水平投影。最后由投影关系画出辅助水平圆的侧面投影（也积聚成直线）。根据点在线上则点的投影也在线的同面投影上的原理，由 a' 向水平投影作连线交于辅助线圆于两点，由点的空间位置可知，点 A 在前半球面上，所以只能取前一点为水平投影 a（见图 6-14）。最后由投影关系求出侧面投影 a''。

可见性判别：由于点 A 在球的前半球面上，因此在正面投影中 a' 是可见的；由于点 A 在球的上半球面上，因此在水平投影中 a 是可见的；由于点 A 在球的左半球面上，因此在侧面投影中 a'' 也是可见的（见图 6-14）。

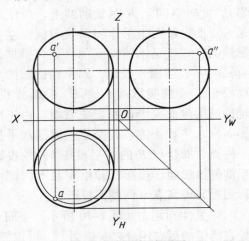

图 6-14　球面上取点

94

四、圆环

圆环的断面形状是圆，是以圆为母线绕轴线旋转一周形成的立体，如图 6-15 所示。同样，母线圆在绕轴线旋转的每一时刻的位置圆都是圆环的每一条素线。在无数条素线中也有四条特殊的转向轮廓素线，分别是两个平行于 V 面的素线圆，将圆环分成了前半环和后半环；两个平行于 W 面的素线圆将圆环分成了左半环和右半环。

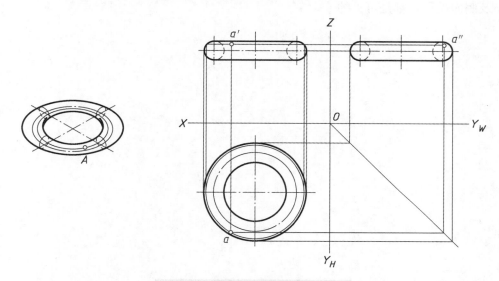

图 6-15　圆环的投影及表面上取点

1. 投影分析

为了投影分析的方便，将圆环表面分为外环面和内环面，即以圆环断面中轴线形成的圆柱面将圆环分成内、外两个半环体，外环体表面称为外环面，内环体表面称为内环面。圆环外环面的前半环面在正面投影中是可见的，圆环的最大直径和最小直径将圆环分成了上半环面及下半环面，上半环面在水平投影中是可见的。圆环的外环体左半环面在侧面投影中是可见的。

2. 作图方法

如图 6-15 所示，为了画图方便，首先画出圆环的水平投影轮廓线，即圆环的最大和最小直径圆。由水平投影向正面投影作投影连线，并量取圆环高度（也是圆环的断面圆直径）画出圆环的正面投影，在正面投影中，圆环的内环面是不可见的，因此断面圆的一半是虚线圆。圆环的侧面投影与圆环的正面投影一样，根据正面投影及水平投影向侧面投影连线，画出圆环的侧面投影。

3. 表面取点

如图 6-15 所示，根据立体表面取点取自于线的原理，与球体一样，在圆环表面取点，只能作辅助圆。过点 A 作一辅助圆，由于点 A 位于圆环外环面上，且在左前上环面上。已知点 A 的正面投影 a'，求作其水平投影 a 及侧面投影 a''。

作图方法：为了求出圆环表面上点的投影，过点 A 作一辅助水平圆，即在正面投影中过

a'画一水平线（辅助圆的正面投影），交圆环轮廓线于两点，这两点之间便是辅助水平圆的直径。按所得直径向 H 面投影，画出辅助水平圆的水平投影。根据点在线上则点的投影也在线的同面投影上的原理，由点的正面投影 a' 向水平投影连线，交于辅助水平圆于两点，因为点在圆环的前半环面上，所以取前一点为点的水平投影 a。最后由投影关系求出点的侧面投影 a''。

可见性判别：如图 6-15 所示，点 A 位于圆环左前上环面上，因此其正面投影 a'、水平投影 a 及侧面投影 a'' 都是可见的。

7

第七章

立体表面的交线

第一节 概 述

工程上的机器零件，都是将一些基本立体根据不同的需要组合或切割而成的，因此在零件的表面上就会产生一些交线。最常见的交线可分为两类。一类是平面与立体表面相交产生的交线，称为截交线。如图 7-1a 所示，车床手柄座上的截交线就是平面切割球、圆锥、圆柱所产生的。另一类是两立体的表面相交产生的交线，称为相贯线。如图 7-1b 所示，某部件上的拨叉，其表面有两圆柱相交的相贯线及棱柱与圆柱相交的相贯线。图 7-1c 所示为单晶炉的炉体，其表面上也有相贯线和截交线。

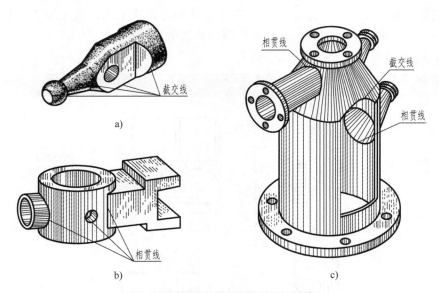

图 7-1 机件表面的截交线和相贯线

为了清晰地表达机件的形状，一般应正确画出各种交线的投影，这样便于读图时对机件进行形体分析。另外，在钣金工放样下料时，也要求准确地画出机件表面的交线，以保证焊接件在卷曲成形后焊缝能准确地吻合。

有关平面与平面立体的截交线画法在本书配套的电子教案中做了介绍，本章着重介绍平面与回转体表面相交时的截交线及两回转体表面相交时的相贯线的性质和作图方法。

第二节　平面与回转体表面相交

一、截交线及其性质

平面与立体表面相交的交线称为截交线，平面称为截平面。图7-2所示为截平面 P 与圆柱表面的交线。

从图7-2中可以看出，截交线有下述性质：

1）截交线是平面与回转体表面的共有线，既在平面上，又在回转体表面上。截交线上的点是截平面与回转体表面的共有点。

2）截交线是一条封闭的平面曲线（包括含有直线段的情况），它的形状取决于回转体的形状以及截平面与回转体轴线的相对位置。

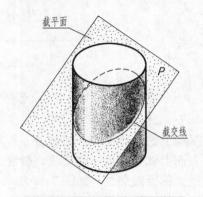

图 7-2　平面与圆柱面相交

二、平面与圆柱体表面相交

平面与圆柱面相交时，根据截平面对圆柱面轴线的位置不同，截交线有三种不同的形状，即两条与圆柱轴线平行的直线、圆和椭圆，如表7-1所示。

表 7-1　圆柱的截交线

截平面位置	立　体　图	投　影　图	截交线形状
截平面平行于圆柱轴线			两条相互平行且平行于圆柱轴线的直线
截平面垂直于圆柱轴线			圆

（续）

截平面位置	立 体 图	投 影 图	截交线形状
截平面倾斜于圆柱轴线			椭圆

根据截交线是截平面和圆柱表面共有线这一性质，作截交线的投影时，可以利用圆柱面上取点、取线的方法作图。下面举例说明。

例 7-1　绘制图 7-3 所示联轴器接头的投影图。

分析：从图中可以看出，它是一个圆柱体被几个平面切割而成的。圆柱的左端用上、下两个平行于圆柱轴线的对称平面 P 及与圆柱轴线垂直的平面 Q 切出一个槽形切口。圆柱的右端用前、后两个平行于圆柱轴线的对称平面 R 及垂直于圆柱轴线的平面 T 切割而成。平面 P、R 与圆柱面的截交线是直线，而平面 Q、T 与圆柱面的截交线为圆弧。

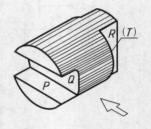

图 7-3　联轴器接头

图 7-3 中箭头所指方向为正面投射方向。这样左端的截平面 P 是水平面，Q 是侧平面（见图 7-4b），它们与圆柱面的截交线（ⅠⅡ、ⅢⅣ、ⅤⅥ、ⅦⅧ、ⅡⅣ及ⅥⅧ）的正面投影 1'2'、3'4'、(5')(6')、(7')(8')、2'4' 及 (6')(8') 分别重合于 P_v 及 Q_v 上。同时，由于圆柱轴线垂直于侧面，因此圆柱面的侧面投影是有积聚性的圆，截交线的侧面投影都积聚在圆周上，如图 7-4b 所示。

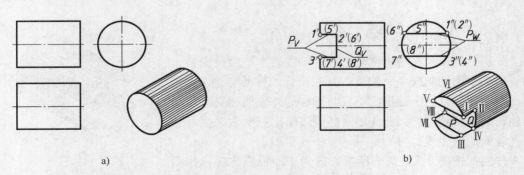

图 7-4　联轴器接头三面投影的作图步骤

a）画圆柱体的三面投影　b）画左端切口的正面投影和侧面投影

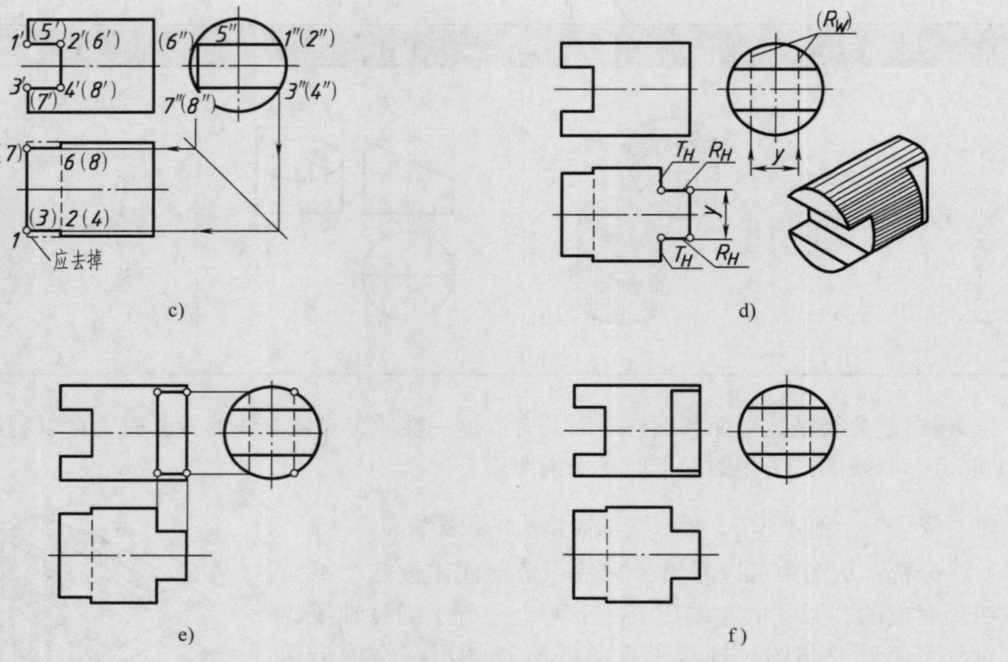

c)

d)

e)

f)

图 7-4 联轴器接头三面投影的作图步骤（续）

c）画左端切口的水平投影 d）画右端切口的水平投影和侧面投影

e）画右端切口的正面投影 f）完成后的投影

从图 7-3 中还可以看出，圆柱体右端截交线的水平投影分别与 R_H、T_H 重合，侧面投影积聚在圆周上，如图 7-4d 所示。

根据截交线的两个投影，按投影规律可求出交线的第三个投影。

作图：作图过程如图 7-4 所示，按图 7-3 中箭头所指方向为正面投影方向。应注意：圆柱水平投影的外形轮廓线由于被切去了一段，因此作图后应擦去这一段，如图 7-4c、d 所示。

例 7-2 绘制图 7-5 所示轴套的投影。

分析：该轴套左端用两个平行于轴线的水平面及垂直于轴线的侧平面切制成一个缺口，其截交线的性质与例 7-1 相同，所不同的是三个截平面不仅与圆柱的外表面相交，还与圆柱孔的表面相交，因此作图时还应该求出三个截平面与圆柱孔表面的截交线。

作图：按图 7-5 中箭头所指方向为正面投影方向，作图过程如图 7-6 所示。应注意：轴套水平投影中圆柱内、外表面的外形轮廓线切去部分在作图后应擦去，如图 7-6c、d 所示。

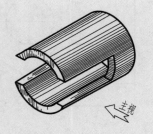

图 7-5 轴套

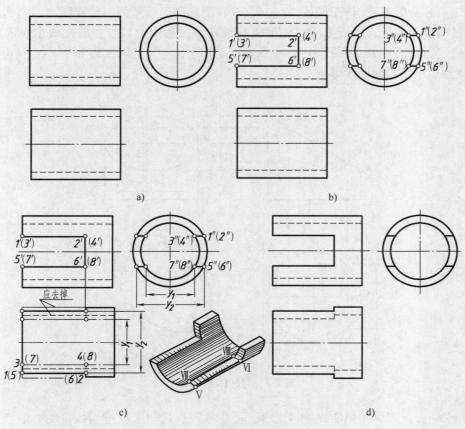

图 7-6　轴套切口投影作图步骤

a）圆柱筒的投影　b）画切口的正面和侧面投影

c）画内、外表面交线的水平投影　d）完成后的投影

101

例 7-3　求作轴线垂直水平面的圆柱体被一正垂面 P 所截切时截交线的投影，如图 7-7 所示。

分析：从图 7-7 中可以看出，截平面 P 与圆柱轴线倾斜且完全与柱面相交，根据表 7-1 可知，截交线是一椭圆。由于平面 P 为正垂面，因此椭圆的正面投影与 P_V 重合；又因圆柱面的水平投影积聚为圆，则截交线椭圆的水平投影与圆重合，需求作的是椭圆的侧面投影。可利用圆柱面上取点的方法，作出椭圆上一系列点的侧面投影后，再连成光滑的椭圆曲线即为所求。

作图（见图 7-7）：

1）求特殊点。特殊点通常指投影中外形轮廓线上以及曲线上的最高、最低、最左、最右、最前、最后、中分等决定曲线投影范围的极限点。

由图 7-7 可看出，椭圆长轴端点 A、B 在圆柱正面投影外形轮廓线上，它们分别是曲线的最高点和最低点；而椭圆短轴端点 C、D 在圆柱侧面投影外形轮廓线上，它们分别是曲线的最前点和最后点。根据圆柱外形轮廓线在各投影中的对应位置及线上点的对应原理，先确定上述四点的水平投影 a、b、c、d（在圆上）及正面投影 a'、b'、$c'(d')$（在 P_V 上），然后求出其侧面投影 a''、b''、c''、d''。

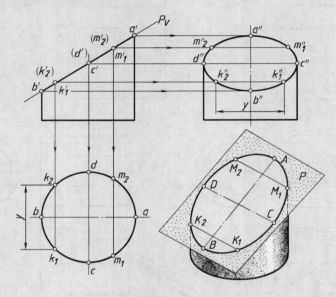

图 7-7　圆柱体的截交线

2）求一般点。为了把曲线连得光滑，可在特殊点之间求取适当数量的一般点。如在正面投影上取 k_1' 及（k_2'）、m_1' 及（m_2'），再用圆柱面上取点的方法，求出各点的水平投影 k_1、k_2、m_1、m_2 及它们的侧面投影 k_1''、k_2''、m_1''、m_2''。

3）连曲线。将上述所求得各点的侧面投影按水平投影的顺序连成光滑的曲线，即得到椭圆的侧面投影。注意：曲线过 c''、d'' 点时，应与圆柱侧面投影外形轮廓线相切。

4）整理外形轮廓线及判别可见性。由正面投影可以看出，圆柱侧面投影外形轮廓线在 $c'(d')$ 以上的一段被截掉。同时，在侧面投影中，该轮廓线只画到 $c''d''$ 处。由于平面 P 朝向左上方，因此整个椭圆的侧面投影均可见，画成实线。

三、平面与圆锥体表面相交

平面和圆锥体表面相交，由于截平面与圆锥体轴线的相对位置不同，其截交线有五种形状：圆、过锥顶的两直线、椭圆、抛物线和双曲线，如表 7-2 所示。求截交线时，仍首先利用截平面的积聚性，求得截交线的一个投影，再根据圆锥面上取点、线的方法，求出截交线的其他投影。当截交线的投影既非直线也不是圆时，可以求出截交线上一系列点的投影，然后将这些点的同面投影连成光滑曲线。

表 7-2 圆锥的截交线

截平面位置	立 体 图	投 影 图	截交线形状
截平面垂直于圆锥轴线			圆
截平面通过圆锥顶点			相交两直线
截平面与圆锥轴线相交 $\alpha<\theta$			椭圆
截平面与圆锥轴线相交 $\alpha=\theta$			抛物线
截平面与圆锥轴线 平行或相交 $\alpha>\theta$			双曲线

例 7-4 如图 7-8a 所示,正圆锥被平行于轴线的正平面截切,完成截交线的投影。

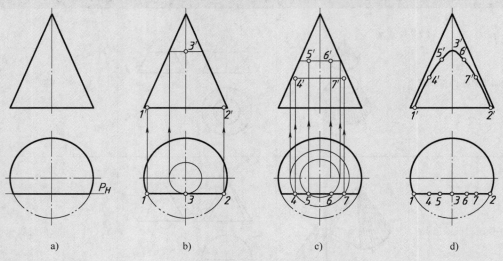

图 7-8 圆锥的截交线

a）已知条件 b）求特殊点 c）求一般点 d）完成的截交线投影

分析：由图 7-8a 可以看出，截平面 P 是平行于圆锥轴线的正平面，所以截交线是一条平行于正面的双曲线，与圆锥底面的截交线为直线，截交线的水平投影与 P_H 重合，需求作的是双曲线的正面投影。

作图（见图 7-8b~d）：

1）求特殊点。如图 7-8b 所示，圆锥底圆上的点是双曲线的最低点，其水平投影为 1、2 两点，可直接确定它们的正面投影 1′、2′；双曲线上离锥顶最近的点是双曲线的最高点，其水平投影为 3 点，利用过Ⅲ点在圆锥上作水平圆的方法求其正面投影 3′。

2）求一般点。如图 7-8c 所示，在水平投影上三个特殊点之间取一般点 4、5、6、7，再过这些点在圆锥面上作辅助圆（先画圆的水平投影，后画该圆积聚为直线的正面投影），求出各点的正面投影 4′、5′、6′、7′。也可以用在圆锥面上作辅助素线的方法求上述各点的投影，读者可自行考虑作图步骤。

3）连曲线。如图 7-8d 所示，将上述各点的正面投影按水平投影各点的顺序连成光滑的曲线，即得双曲线的正面投影。

4）整理外形轮廓线并判别可见性。如图 7-8d 所示，因为平面 P 没有截切到圆锥正面投影的外形轮廓线，所以正面外形轮廓线完整画出，而截交线处于圆锥的前半个锥面，所以其正面投影可见，画成实线。

例 7-5 如图 7-9a 所示，正垂面 P 截掉圆锥上半部，求截交线的投影。

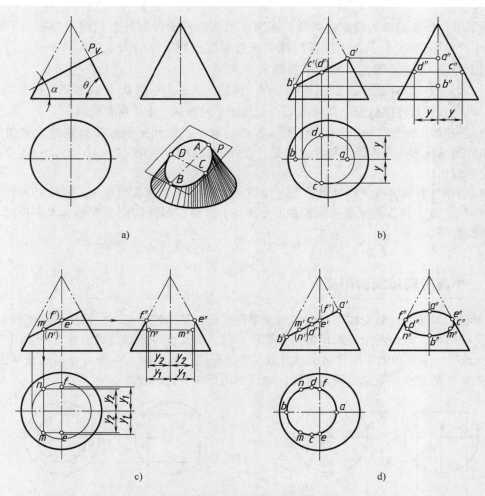

图 7-9　截平面与正圆锥斜交

a）作图条件　b）求长、短轴的端点 A、B、C、D 的投影

c）求侧面投影外形线上的点 E、F 及一般点 M、N　d）完成截圆锥的投影

分析： 由图 7-9a 看出，截平面 P 与圆锥轴线斜交，且 $\alpha < \theta$（表 7-2），所以截交线是一椭圆，其正面投影与平面 P 的正面积聚投影 P_V 重合，需求作的是水平投影和侧面投影。一般情况下，此两投影仍为椭圆（不是实形）。由图中可看出，该椭圆的长轴 AB 为正平线，位于过圆锥轴线的前、后对称面上；短轴 CD 与长轴垂直平分，为正垂线。

作图（见图 7-9b~d）：

1）求特殊点。先求椭圆长、短轴的端点，如图 7-9b 所示，长轴 AB 在前、后对称面上，其端点 A、B 的正面投影就是圆锥正面投影外形轮廓线与 P_V 的交点 a'、b'，由此可确定水平投影 a、b 及侧面投影 a''、b''。同时，A、B 还分别是椭圆的最高、最低点，也是最左、最右点；而短轴 CD 的正面投影 $c'(d')$ 在 $a'b'$ 的中点处，过 C、D 在圆锥面上作辅助圆，求出水平投影 c、d 及侧面投影 c''、d''，此两点也是最前和最后点。

除了求作长、短轴的端点投影外，还需求出圆锥侧面投影外形轮廓线与平面 P 的交点 E、F（见图 7-9c），其正面投影在 P_V 与圆锥轴线正面投影的交点处，即 e'、(f')，再求出侧面投影 e''、f''，最后求出水平投影 e、f。

2）求一般点。在适当位置取点 M、N（见图 7-9c），先在 P_V 上确定其正面投影 m'、(n')，再过此两点在圆锥面上作辅助圆，求出水平投影 m、n 及侧面投影 m''、n''。

3）连曲线。如图 7-9d 所示，将所求各点的水平投影和侧面投影分别连成光滑的曲线，即得到椭圆的两个投影。要注意的是，在侧面投影中，椭圆过 e''、f'' 时，一定与圆锥外形轮廓线相切。

4）整理外形轮廓线及判别可见性。如图 7-9d 所示，在侧面投影中，圆锥外形轮廓线只画到 e''、f'' 处，因为截平面将圆锥左上半部切去，所以椭圆的侧面投影和水平投影都可见，画成实线。

四、平面与圆球表面相交

平面截切圆球时，截交线都是圆。当截平面平行于某个投影面时，截交线在该投影面上的投影反映实形，其余两个投影积聚为直线段，线段的长度等于截交线圆的直径。图 7-10a、b 分别表示用水平面和侧平面截切圆球时截交线的画法。画图时，一般可先确定截平面的位置，即先画出截交线积聚成直线的投影，然后画出反映为圆的投影。

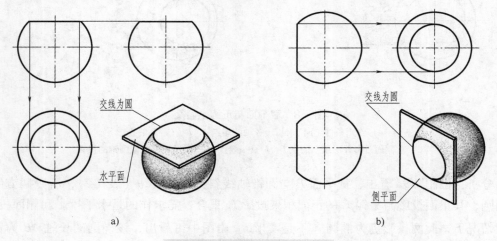

交线为圆

水平面

a)

交线为圆

侧平面

b)

图 7-10　平面截切圆球的投影

当截平面垂直于一个投影面而倾斜于其他两投影面时，则截交线在该投影面上的投影积聚为一直线，在其他两投影面上的投影为椭圆。

例 7-6　绘制图 7-11 所示半圆头螺钉头部的投影。

分析： 以图 7-11 中箭头方向为正面投射方向，可以看出，螺钉头部是一个半圆球被两个侧平面和一个水平面截切出一长方形槽，各平面与球面的截交线均为圆弧。因各截平面的正面投影分别积聚为一段直线，则各段截交线圆弧的正面投影分别与直线重合；两个侧平面截得的圆弧的侧面投影反映实形，其水平投影积聚成一直线段；而水平面截得两段圆弧的水平投影反映实形，侧面投影积聚为直线。

作图：如图 7-12 所示，作图时为求出圆弧的半径，可假想将截平面扩大，画出平面与整个球面的交线圆，然后留取实际存在的部分圆弧。

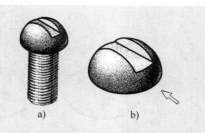

图 7-11　半圆头螺钉头部

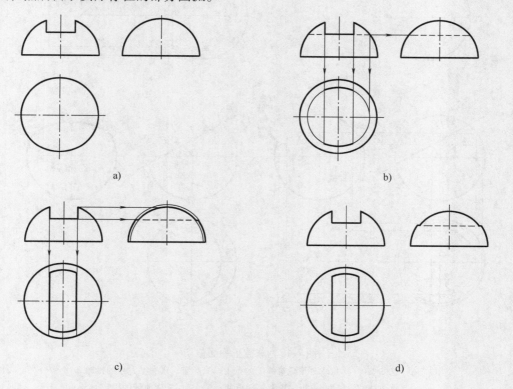

图 7-12　螺钉头部投影的作图过程

a）画半球的投影及截交线的正面投影　b）画水平面截切半球所得截交线的水平投影及侧面投影
c）画两侧平面截切半球所得截交线的侧面投影及水平投影　d）完成螺钉头部的投影

例 7-7　如图 7-13a 所示，球被一正垂面 P 所截切，求截交线的投影。

分析：圆球被正垂面切割，截交线是一圆，其正面投影积聚为一直线段，与 P_V 重合，线段的长度等于截交线圆的直径；圆的侧面投影和水平投影均为椭圆。

作图（见图 7-13b~d）：

1）求特殊点。先求外形轮廓线上的点，如图 7-13b 所示，1′和 6′、3′和（9′）、5′和（7′）分别为球的正面投影、侧面投影和水平投影外形轮廓线上点的正面投影，它们的侧

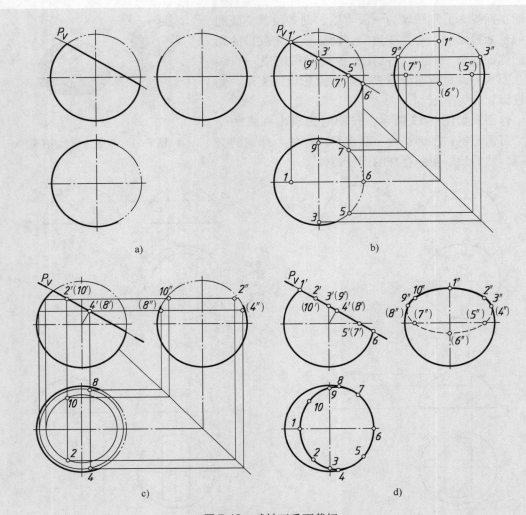

图 7-13　球被正垂面截切

a）已知条件　b）求外形轮廓线上的点Ⅰ、Ⅵ、Ⅲ、Ⅸ、Ⅴ、Ⅶ的投影

c）求椭圆长轴端点Ⅳ、Ⅷ及一般点Ⅱ、Ⅹ　d）完成曲线的投影

面投影和水平投影可按外形轮廓线在投影中对应的位置关系和线上点的投影原理直接
求出。其中，Ⅰ、Ⅵ是截交线上的最高点和最低点，又是最左点和最右点。

再求椭圆的长、短轴端点。在截交线圆的直径中，ⅠⅥ是正平线，其正面投影 1'6'
的长度等于截交线圆的直径，它的侧面投影 1"6" 和水平投影 1 6 分别为两个椭圆的短
轴；长轴是垂直平分短轴的正垂线ⅣⅧ（见图7-13c），其正面投影 4'（8'）积聚为一点
并且在 1'6' 的中点上，水平投影 4 8 和侧面投影（4"）（8"）均等于截交线圆的直径，
即 4 8 =（4"）（8"）= 1'6'。也可按球面上定点的方法（即在球面上作水平圆或正平圆、
侧平圆），确定长轴的水平投影和侧面投影。Ⅳ、Ⅷ两点分别是交线的最前点和最
后点。

2）求一般点。如图7-13c所示，在 P_V 上取 $2'$、$(10')$ 点，过Ⅱ、Ⅹ点在球面上作水平圆，求出水平投影2、10和侧面投影 $2''$、$10''$。

3）连曲线。按各点正面投影中的排列顺序，将它们的水平投影和侧面投影分别连成光滑曲线（或根据长、短轴作椭圆）。注意：水平投影中的椭圆过5、7点与外形轮廓线圆相切，而侧面投影中的椭圆过 $3''$、$9''$ 点与外形轮廓线圆相切。

4）整理轮廓线及判别可见性。如图7-13d所示，在水平投影中，球的外形轮廓线圆只画到5、7点为止，侧面投影中，球的外形轮廓线圆只画到 $3''$、$9''$ 点为止。因球被切去右上部一球冠，所以截交线的水平投影都可见，画成实线；在侧面投影中，$3''$、$9''$ 点为可见性的分界点，在该两点上部椭圆上的点是可见的（即 $3''$、$2''$、$1''$、$10''$、$9''$ 点），画成实线，在该两点下部椭圆上的点是不可见的（即 $9''$、$(8'')$、$(7'')$、$(6'')$、$(5'')$、$(4'')$、$3''$ 点），画成虚线。

五、平面与圆环表面相交

平面与圆环相交，除截平面垂直（或通过）圆环轴线时截交线是圆外，其余均为非圆曲线。下面举例说明其作图方法。

例7-8　轴线为铅垂线的圆环被垂直于轴线的水平面 P 截切，求作截交线（图7-14）。

分析： 水平面 P 是垂直圆环轴线的截平面，它与圆环的内、外环面都相交，截交线为两个同心圆。此两个同心圆的正面投影重合在 P_V 上，且 $1'2'$ 和 $3'4'$ 分别是两圆的直径，截交线的水平投影是圆的实形。

作图： 作图方法如图7-14所示。

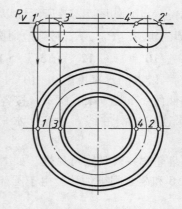

图7-14　圆环截交线

例7-9　如图7-15所示，轴线垂直于正面的半个圆环，被一个平行于其轴线的正垂面截切，求截交线的投影。

分析： 从图7-15中可以看出，截平面 P 与圆环的内、外环面都相交，截交线前、后对称，其正面投影与 P_V 重合，而水平投影为一曲线，需求出。

作图：

1）求特殊点。先求外形轮廓线上的点，如图7-15a所示，$1'$ 和 $5'$ 是圆环的正面投影外形轮廓线与截平面交点的正面投影，$2'$ 和 $(8')$、$4'$ 和 $(6')$ 是圆环的最前和最后圆与截平面交点的正面投影，它们的水平投影可按外形轮廓线在投影中对应的位置关系和线上

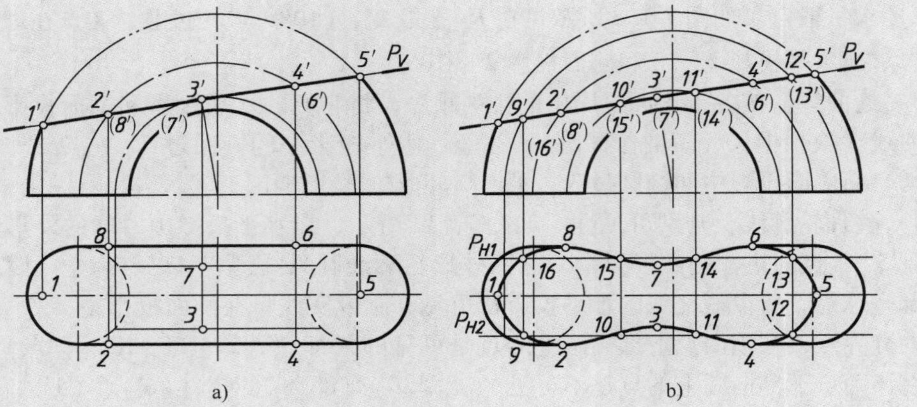

图 7-15 圆环截交线

a）已知条件及求特殊点 b）求一般点及连曲线

点的投影原理直接求出，其中，Ⅰ、Ⅴ分别是截交线上的最低点和最高点，又是最左点和最右点，Ⅱ、Ⅳ是截交线的最前点，Ⅵ、Ⅷ是截交线的最后点。

2）求截交线水平投影中 2 4 段和 8 6 段距离最近点Ⅲ和Ⅶ的水平投影在正面投影中以圆环的轴心为圆心作截平面的切圆，其切点即为 3′ 和（7′），按在圆环面上求点的方法可求得Ⅲ、Ⅶ的水平投影。

3）求一般点。如图 7-15b 所示，以辅助正平面 P_1、P_2 切圆环得两对同心圆，其正面投影反映圆的实形（P_{H1}、P_{H2} 对称地切圆环），该圆与截平面有四组交点，即为一般点的正面投影 9′、10′、11′、12′、（13′）、（14′）、（15′）和（16′），将其对应投射到 P_{H1}、P_{H2} 上，可得到一般点的水平投影 9、10、11、12、13、14、15 和 16。

4）连曲线。如图 7-15b 所示，按各点正面投影中可见与不可见的排列顺序，将它们的水平投影连成光滑曲线。注意：水平投影中曲线在 2、4、6 和 8 点处与外形轮廓线相切。

5）整理轮廓线及判别可见性。如图 7-15b 所示，水平投影中，圆环的外形轮廓线在 2 和 4 之间、6 和 8 之间被切掉。由于圆环被切去上部的一部分，因此截交线的水平投影都可见。

六、综合举例

在实际生产中，机件常由几个回转体组合成复合体，被一截平面截切后，其截交线就由几段组成，求其截交线时，只要分清组成机件的各种形体及截平面的位置，就可以弄清每个形体上截交线的形状及各段截交线之间的关系，然后逐个求出各段截交线。下面举例说明。

例 7-10 画出图 7-16 所示连杆头的投影。

分析： 由图中可看出，连杆头是由同心的小圆柱、圆锥台、大圆柱及半球（大圆柱与半球相切）组成的，并且前、后被两个平行于轴线的对称平面所截切。所产生的截交线是由双曲线（截平面与圆锥台的截交线）、两条平行直线（截平面与圆柱的截交线）及半个圆（截平面与圆球的截交线）组成的封闭平面曲线。

如图7-17a所示，连杆头的轴线为侧垂线，截平面为正平面，所以整个截交线的水平投影和侧面投影分别积聚为直线，要求作的是反映实形的正面投影。

作图：其作图过程如图7-17b~d所示。具体步骤略。

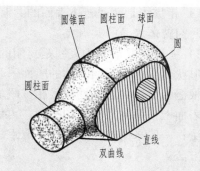

图7-16　连杆头立体图

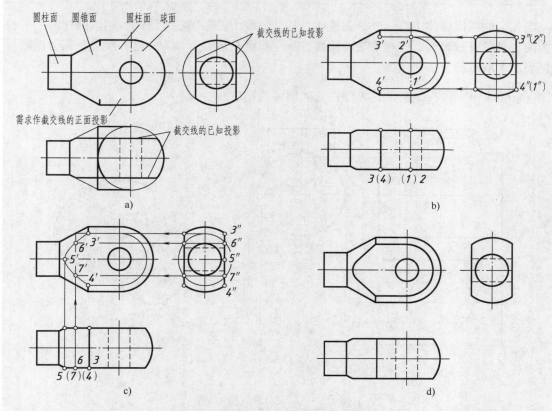

图7-17　连杆头的截交线求法

a）已知条件　b）画出半球及圆柱面上的截交线

c）画出圆锥的截交线　d）完成的连杆头投影

第三节　两回转体表面相交

一、相贯线及其性质

两回转体表面相交时所产生的交线称为相贯线。相贯线有以下性质：

1）相贯线是两回转体表面的共有线，也是两回转体表面的分界线，所以相贯线上所有点是两回转体表面的共有点。

2）一般情况下，相贯线是封闭的空间曲线，在特殊情况下成为平面曲线或直线。相贯线的形状，由两相交回转体的表面形状、大小及相对位置决定。

根据相贯线的上述性质，相贯线的画法归结为求两回转体表面的共有点。只要作出两回转体表面上一系列共有点的投影，再依次将各点的同面投影连成光滑曲线即可。相贯线上点的求法，一般采用的方法有表面取点法、辅助平面法和辅助球面法。下面分别介绍其原理和作图方法。

二、表面取点法

当相交的两回转体中有一个是圆柱体，且其轴线为投影面垂直线时，则该圆柱的一个投影为圆，且具有积聚性，即相贯线的投影也一定积聚在该圆上，为一已知投影，其他投影可根据表面上取点的方法作出。

例 7-11　如图 7-18 所示，求作正交两圆柱的相贯线。

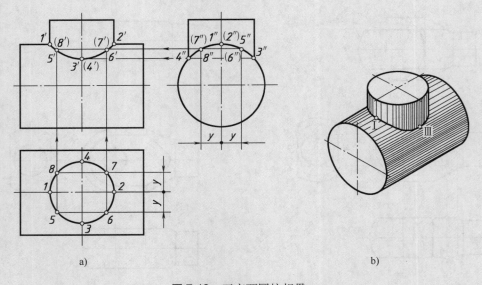

图 7-18　正交两圆柱相贯

分析：从图 7-18 中可以看出，大圆柱轴线垂直于侧面，小圆柱轴线垂直于水平面，两圆柱轴线垂直相交。因为相贯线是两圆柱面上的共有线，所以其水平投影积聚在小圆柱的水平投影的圆周上，而侧面投影积聚在大圆柱侧面投影的圆周上（在小圆柱外形轮廓线之间的一段圆弧），需要求的是相贯线的正面投影。因为相贯线前、后对称，所以相贯线前、后部分的正面投影重合。

作图（见图 7-18a）：

1）求特殊点。特殊点是决定相贯线的投影范围及可见性的点，它们大部分在外形轮廓线上。显然，本题相贯线的正面投影应由最左、最右及最高、最低点决定其范围。由水平投影可看出，1、2 两点是最左、最右点 Ⅰ、Ⅱ 的投影，它们也是圆柱正面投影外形轮廓线的交点，可由 1、2 对应求出 1′、2′ 及 1″、(2″)，此两点也是最高点；由侧面投影可看出，小圆柱侧面投影外形轮廓线与大圆柱交点 3″、4″ 是相贯线最低点 Ⅲ、Ⅳ 的投影，可由 3″、4″ 直接对应求出水平投影 3、4 和正面投影 3′、4′。

2）求一般点。一般点决定曲线的趋势。任取对称点 Ⅴ、Ⅵ、Ⅶ、Ⅷ 的水平投影 5、6、7、8，然后求出其侧面投影 5″、(6″)、(7″)、8″，最后求出正面投影 5′、6′、(7′)、(8′)。

3）连曲线。按各点水平投影的顺序，将各点的正面投影连成光滑的曲线，得相贯线的正面投影。

4）判别可见性。判别相贯线投影可见性的原则：当两回转体表面在该投影面上的投影均可见时，它们之间的相贯线才可见，画成实线，否则不可见，画成虚线；可见性分界点一定在外形轮廓线上。如图 7-18a 所示，两圆柱的前半个圆柱面的正面投影均可见，曲线由 1′、2′ 点分界，前半部分 1′5′3′6′2′ 可见画成实线，不可见的后半部分 1′(8′)(4′)(7′)2′ 与前半部分重合。

5）整理外形轮廓线。由前述知道，两圆柱正面投影外形轮廓线相交于 1′、2′ 两点，所以，相交的外形轮廓线的投影只画到 1′、2′ 为止，而大圆柱外形轮廓线在 1′、2′ 之间不能画线。

例 7-12　如图 7-19 所示，求作轴线交叉垂直的两圆柱相贯线。

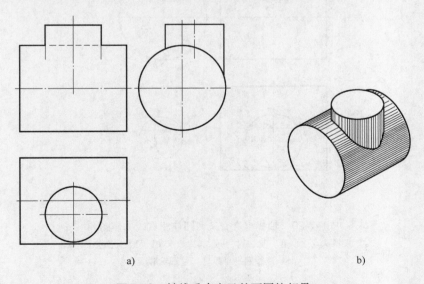

a)   b)

图 7-19　轴线垂直交叉的两圆柱相贯

分析：如图 7-19 所示，小圆柱轴线垂直于水平面，大圆柱轴线垂直于侧平面，因此相贯线的水平投影重合于小圆柱有积聚性的水平投影圆周上，侧面投影重合于大圆柱有积聚性的侧面投影圆周上（小圆柱侧面投影外形轮廓线之间的一段圆弧），需求作的是其正面投影。

与例 7-11 不同，本例中两圆柱轴线垂直交叉，其正面投影外形轮廓线不相交，相贯线只是左、右对称，前、后不对称，所以相贯线前、后部分的正面投影不重合。

作图（见图 7-20）：

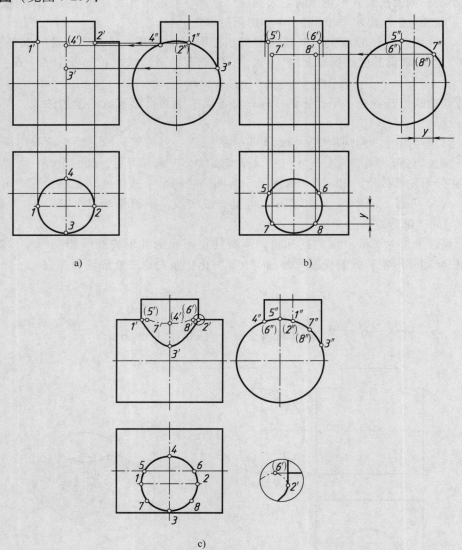

图 7-20 轴线垂直交叉两圆柱相贯线的作图
a）求特殊点Ⅰ、Ⅱ、Ⅲ、Ⅳ b）求特殊点Ⅴ、Ⅵ及一般点Ⅶ、Ⅷ
c）连线判别可见性，整理轮廓线

1）求特殊点。由图 7-20a 可以看出，小圆柱的正面投影和侧面投影的外形轮廓线均与大圆柱面相交，设其交点分别为Ⅰ、Ⅱ、Ⅲ、Ⅳ，可直接确定其水平投影 1、2、3、4 及侧面投影 1″、（2″）、3″、4″，再对应求出其正面投影 1′、2′、3′、（4′）。而其中Ⅰ、Ⅱ两点是相贯线上最左、最右点，Ⅲ、Ⅳ两点是相贯线上最前、最后点。大圆柱正面投影上边的一条外形轮廓线与小圆柱相交于Ⅴ、Ⅵ两点，可直接求出它们的水平投影5、6及侧面投影5″、(6″)，再对应求出正面投影(5′)、(6′)，而Ⅴ、Ⅵ两点是相贯线的最高点（见图7-20b）。

2）求一般点。如图7-20b所示，在适当位置取一般点Ⅶ、Ⅷ的水平投影7、8，对应作出侧面投影7″、(8″)，最后求出正面投影7′、8′。

3）连曲线。如图7-20c所示，按各点水平投影的顺序，将它们的正面投影连成光滑曲线。注意：曲线经过(5′)、(6′)点时，与大圆柱外形轮廓线相切，经过1′、2′点时，与小圆柱的外形轮廓线相切（见放大图）。

4）判别可见性。如图7-20c所示，由1′、2′两点分界，在小圆柱前半个圆柱面上的各点的正面投影可见，连成实线，其余各点连成虚线。

5）整理外形轮廓线。如图7-20c所示，由于1′、2′可见，小圆柱的外形轮廓线用实线画到1′、2′为止，大圆柱的外形轮廓线画到(5′)、(6′)处，且被小圆柱挡住的一段画成虚线（见放大图），(5′)、(6′)之间没有连线。

注意：在例7-11中，两圆柱正面投影外形轮廓线相交，交点为1′、2′两点，而在例7-12中，两圆柱正面投影外形轮廓线交叉，无交点。两回转体投影外形轮廓线相交的前提是它们处于同一平面内，否则不相交。

通过上述两例的分析可知，当轴线垂直交叉两圆柱的相对位置变化时，其相贯线的形状也随之变化。图7-21所示为两圆柱直径不变，而相对位置变化时相贯线的几种形状。

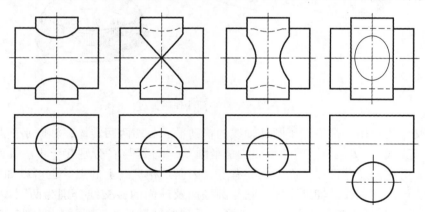

图7-21　圆柱与圆柱轴线相对位置变化时的投影

在机件上除了实体两圆柱轴线垂直相交或垂直交叉的结构外，有时还遇到图7-22中所示的情况。图7-22a是外圆柱面与内圆柱面相交，即从实心圆柱体上挖去一个圆柱孔；图7-22b是在两圆管中除两外圆柱表面相交外，两圆管内表面也相交。

比较上面的情况可以看出，不管是实体圆柱的外表面，还是空心圆柱的内表面，只要相交，实质上都是圆柱面相交，其相贯线的求法都是相同的。

三、辅助平面法

辅助平面法是利用三面共点的原理求相贯线上点的方法。如图7-23a所示，图中是一圆

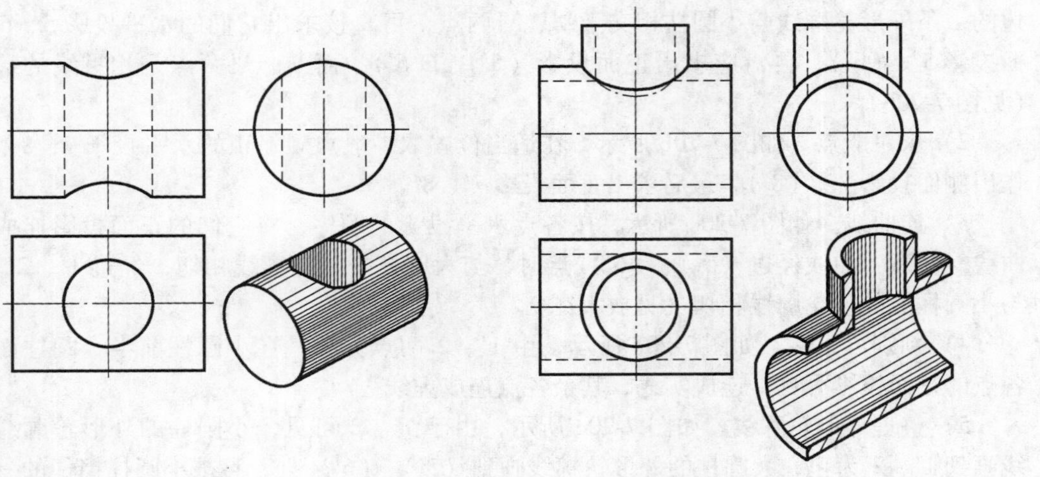

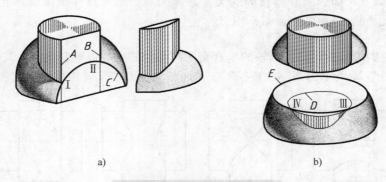

图 7-22　圆柱与圆柱相交的不同情况

a）实体圆柱与空心圆柱相交　b）两空心圆柱相交

图 7-23　辅助平面法作图原理

柱与半球相交，假想用一个平行于圆柱轴线的辅助平面截切两回转体，辅助平面与圆柱面的截交线是两条直线 *A*、*B*，与半球的截交线是半圆 *C*；*A*、*B* 与 *C* 分别交于 Ⅰ、Ⅱ 两点，它们是辅助平面、圆柱面及球面三个面上的共有点，因而是相贯线上的点。也可以如图 7-23b 所示，选择垂直于圆柱轴线的辅助平面，它与圆柱面及球面的截交线分别为两圆 *D*、*E*，两圆 *D*、*E* 的交点 Ⅲ、Ⅳ 即为相贯线上的点。选择一系列的辅助平面，就可以得到一系列相贯线上的点。

选择辅助平面，要根据相交两回转体的形状及其相对位置来确定，其原则是应使辅助平面与两回转体的截交线的投影为直线或圆，以便于准确作图。

应用辅助平面法求相贯线上的点，应按下面的步骤进行作图：

1）选择适当的辅助平面与两回转体都相交。

2）分别求出辅助平面与两回转体表面的截交线。

3）求出两回转体表面截交线的交点。

下面以实例说明用辅助平面法求作相贯线的过程。

例 7-13　求作图 7-24 所示圆柱与圆锥台的相贯线。

a)　　　　　　　　　　b)

图 7-24　正交的圆柱与圆锥台相贯

分析： 如图 7-24 所示，圆锥台的轴线为铅垂线，圆柱的轴线为侧垂线，且两轴线正交又平行于正面，所以相贯线前、后对称，其正面投影重合。因为圆柱的侧面投影为圆，所以相贯线的侧面投影重合于圆上，需求作的是相贯线的水平投影和正面投影。

为使辅助平面与回转体截交线的投影为圆和直线，显然只有选择水平面和过锥顶的侧垂面作为辅助平面时，其作图最方便。图 7-25a 画出了选用水平辅助平面的情况。

作图：

1）求特殊点。如图 7-25b 所示，由侧面投影可知，$1''$、$2''$ 是相贯线最高点和最低点 Ⅰ、Ⅱ 的投影，此两点是两回转体正面投影外形轮廓线的交点，可直接确定 $1'$、$2'$，并由此投影确定水平投影 1、（2）；而 $3''$、$4''$ 是最前点、最后点 Ⅲ、Ⅳ 的侧面投影，它们在圆柱水平投影外形轮廓线上，过圆柱轴线作水平面 P 为辅助平面〔画出 P_V，求出平面 P 与圆锥面截交线圆的水平投影，此圆与圆柱面水平投影外形轮廓线交于 3、4 两点，并求出此两点的正面投影 $3'$、（$4'$）〕。

2）求一般点。如图 7-25c 所示，作水平辅助平面 Q，先画出 Q_V 及 Q_W，再求出 Q 与圆锥面的截交线 L 的水平投影 l，并画出 Q 与圆柱面的两条截交线 M、N 的水平投影 m、n，则 l 与 m、n 的交点 5、6 即是 L 与 M、N 的交点 Ⅴ、Ⅵ 的水平投影，最后在 Q_V 上确定 $5'$、（$6'$）；同理，作水平面 S，求出（7）、（8）和 $7'$、（$8'$）。

3）连曲线及判别可见性。如图 7-25d 所示，因曲线前、后对称，正面投影中相贯线重合，用实线画出可见的前半部分曲线；在水平投影中，由 3、4 点分界，在上半部分圆柱面上的曲线可见，将 3 5 1 6 4 段曲线画成实线，其余部分不可见，画成虚线。注意：在水平投影中，所连曲线在 3、4 两点与圆柱的外形轮廓线相切。

4）整理外形轮廓线。如图 7-25d 所示，在正面投影中，两回转体外形轮廓线画到交点 $1'$、$2'$ 为止；而在水平投影中，圆柱外形轮廓线则画到 3、4 点为止。

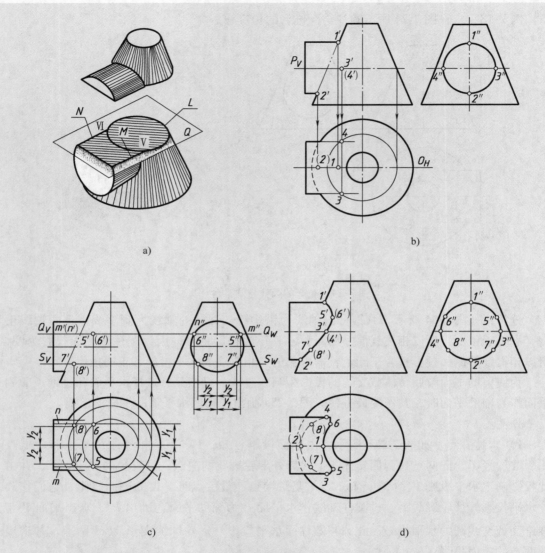

图 7-25　求圆柱与圆锥台相贯线的作图方法
a）辅助平面的选择　　b）求特殊点 Ⅰ、Ⅱ、Ⅲ、Ⅳ　c）求一般点 Ⅴ、Ⅵ、Ⅶ、Ⅷ
d）完成后相贯线的投影

例 7-14　求作图 7-26 所示的圆锥台和半球的相贯线。

分析：如图 7-26a 所示，圆锥台的轴线为铅垂线，位于半球的前、后对称面内。相贯线是一条前、后对称的空间曲线，图 7-26b 所示为类似相贯结构的应用示意图。因为两回转面的三个投影均无积聚性，所以相贯线的三个投影均需求作。本例必须用辅助平面法。

选择辅助平面。对于圆锥台，可选用垂直于轴线的水平面或过锥顶的各投影面的平行面，而对半球，则可选用各投影面的平行面，综合后，选择水平面和过锥顶的侧平面作为辅助平面。

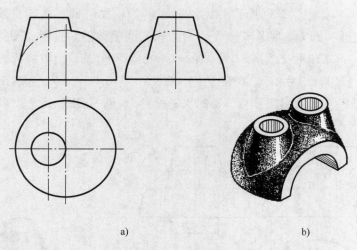

a)　　　　　　　　　b)

图 7-26　圆锥台与半球相贯

作图：

1）求特殊点。如图 7-27a 所示，圆锥台与半球的正面投影外形轮廓线处于同一正平面内，它们必相交，交点 Ⅰ、Ⅱ 的正面投影为 1′、2′，由 1′、2′ 对应求出水平投影 1、2 及侧面投影 1″、(2″)，此两点是曲线上的最低点、最高点，也是最左点、最右点；过圆锥轴线（即过锥顶）作侧平面 P 为辅助平面，如图 7-27b 所示，P 与圆锥台的截交线为侧面投影外形轮廓线 c″、d″，与半球的截交线为半圆 M，半圆 M 与 C、D 分别交于 Ⅲ、Ⅳ 两点，此两点即为相贯线上的点。作图过程如图 7-27a 所示，先作 P_V、P_H，再作半圆 m，与 c″、d″ 分别交于 3″、4″ 点，再由 3″、4″ 在 P_V 上确定 3′(4′)（两点重合），并在 P_H 上确定 3、4 两点。注意：球的侧面投影外形轮廓线 n″ 与圆锥台的交点可在连曲线时用逼近法（见图 7-29）或采用辅助球面法求得。

119

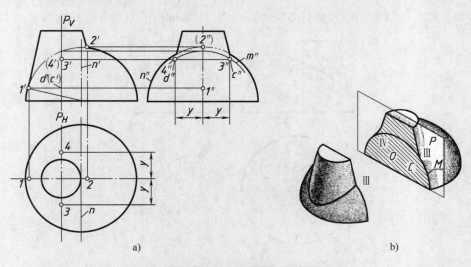

a)　　　　　　　　　b)

图 7-27　求圆锥台与半球相贯线上的特殊点

2）求一般点。如图 7-28b 所示，以水平面 Q_1 为辅助平面，Q_1 与圆锥台截交线为圆 M_1，与半球截交线为圆 L_1，两圆交点 V、VI 为相贯线上的点。投影作图如图 7-28a 所示，首先作 Q_{1V} 及 Q_{1W}；求出截交线圆 M_1 及 L_1 的水平投影圆 m_1 及 l_1，则两者的交点 5、6 即为 V、VI 点的水平投影；然后由 5、6 在 Q_{1V} 上求出 5′、(6′)，在 Q_{1W} 上求出 5″、6″。同理，以水平面 Q_2 为辅助平面求出交点 VII、VIII 的水平投影 7、8，正面投影 7′、(8′) 和侧面投影 (7″)、(8″)。

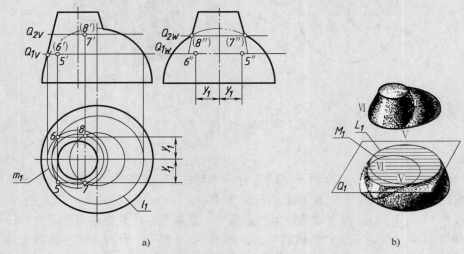

a)   b)

图 7-28   求圆锥台与半球相贯线上的一般点

3）连曲线。如图 7-29 所示，将正面投影中可见点 1′、5′、3′、7′、2′ 连成光滑曲线，它与半球侧面投影外形轮廓线的正面投影 n' 的交点 k_1'、(k_2')，就是圆 N 与圆锥的交点，由 k_1'、k_2' 求出侧面投影 (k_1'')、(k_2'') 及水平投影 k_1、k_2。然后依次连接各点的水平投影和侧面投影，曲线的侧面投影过 3″、4″ 点分别与圆锥台的侧面外形轮廓线 c''、d'' 相切，

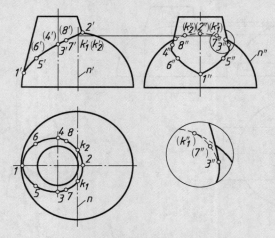

图 7-29   圆锥台与半球的相贯线

而过 (k_1'')、(k_2'') 点与球的外形轮廓线 n'' 相切。

4）判别可见性。如图 7-29 所示，曲线的水平投影都可见，画成实线；在侧面投影中，相贯线在左半个圆锥面上的点是可见的，即由 3″、4″ 点分界，将 3″5″1″6″4″ 段曲线画成实线，将 4″（8″）（k_2''）（2″）（k_1''）（7″）3″ 段曲线画成虚线。

5）整理外形轮廓线。如图 7-29 所示，在正面投影中，两回转面的外形轮廓线相交，各自画到交点 1′、2′ 为止；在侧面投影中，圆锥台的外形轮廓线用实线分别画到 3″、4″ 点为止，而半球的外形轮廓线 n'' 只画到 （k_1''）、（k_2''）点为止，且被圆锥台挡住的一小段画成虚线。注意：（k_1''）、（k_2''）之间没有圆弧 n'' 的投影。

辅助平面法求相贯线上点是普遍采用的方法，前面讨论的例 7-11、例 7-12 同样可用辅助平面法作图，读者可自行研究。

四、辅助球面法

1. 辅助球面法的原理

当球心位于回转体轴线上时，球与回转体的相贯线为一垂直回转体轴线的圆，并且当回转体的轴线平行于某一投影面时，相贯线圆在该投影面上积聚成一直线，如图 7-30a、b 所示。

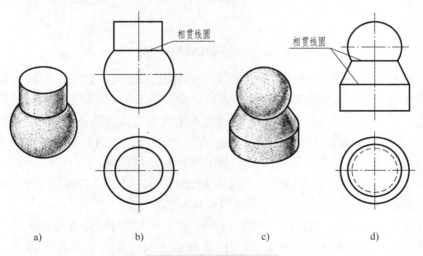

图 7-30　辅助球面法

用辅助球面法求相贯线时，首先设置一辅助球面（球心位于两回转体轴线的交点），然后求辅助球面与两回转体表面的交线圆，两圆的交点为两回转体表面和辅助球面三面的公共点，即为相贯线上的点。

2. 用辅助球面法的条件

1）相交两立体必须都是回转体，因为球心在回转体轴线上的球面与回转面相交时，其相贯线才一定是圆。

2）两回转体的轴线必须相交，只有轴线相交，球心才能同时在两回转体的轴线上，两轴线的交点即为辅助球面的球心。

3）两回转体的轴线所确定的平面必须平行于某一个投影面，这样球面与两回转体的相贯线圆在该投影面上的投影才能同时成为直线，两直线的交点即为所求。

3. 应用举例

例 7-15 如图 7-31 所示，一圆柱与圆锥斜交，求作相贯线。

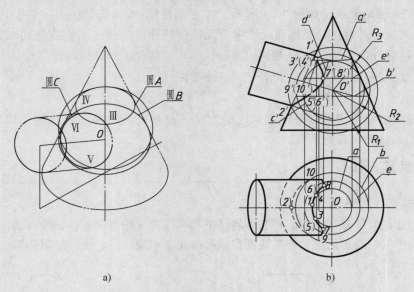

a)   b)

图 7-31 用辅助球面法求相贯线

分析：图 7-31 所示为一圆柱和圆锥斜交。求作相贯线时，如果用辅助平面法作图将很麻烦，而用辅助球面法时，作图就可大大简化。如图 7-31a 所示，以两回转体轴线的交点 O 为球心，以适当半径作一球面，该球面与圆锥面的交线为圆 A 和圆 B；与斜放的圆柱交线为圆 C，圆 A、B 和圆 C 相交于 Ⅲ、Ⅳ、Ⅴ、Ⅵ 四点，这四点是球面上的点，又是两回转面上的点，所以也是相贯线上的点。由于圆柱和圆锥轴线相交且都平行于正投影面，因此交线圆 A、B、C 的正面投影分别积聚为直线 a'、b'、c'，它们的交点即为所求相贯线上点的正面投影。改变辅助球面半径，又可得到新的交点。

辅助球面半径的范围：如图 7-31b 所示，由球心 O'（即两回转体轴线的交点）到两回转体外形轮廓线交点中最远点 $2'$ 的距离为所作辅助球面的最大半径 R_1，因为半径再大就得不到共有点了；从 O' 向外形轮廓线作垂线，其中较长的一个 R_2 是辅助球面的最小半径，因为半径再小，辅助球面与其中一回转体就不能相交了。因此，辅助球面的半径必须在 R_1 和 R_2 之间选择。

作图：

1）求相贯线上的特殊点和一般点。如图 7-31b 所示，先求特殊点。由于圆柱与圆锥的正面投影外形轮廓线相交并且平行于正投影面，其交点 Ⅰ、Ⅱ 的正面投影为 $1'$、$2'$，由 $1'$、$2'$ 对应求出水平投影 1、(2)，此两点是相贯线上的最高点、最低点，Ⅱ 点同时还是相贯线的最左点。以 O' 为圆心、R_2 为半径作圆，即为辅助球面的正面投影，该球面与圆柱

的交线圆为 D，与圆锥的切线圆为 E，而 D、E 的正面投影为相交的两直线 d'、e'，其交点 $7'$、$(8')$ 即为圆 D 与圆 E 的交点Ⅶ、Ⅷ的正面投影。由于 E 是一水平圆，其水平投影反映为圆 e，将 $7'$、$(8')$ 对应投射到圆 e 上即得到Ⅶ、Ⅷ的水平投影 7、8，Ⅶ、Ⅷ即为最小辅助球面上的点。圆柱水平投影外形轮廓线上的点 9、10 采用逼近法连线时求。再求一般点。以 O' 为圆心，取适当半径 R_3 作圆，即为辅助球面的正面投影，该球面与圆锥的交线圆为 A、B，与圆柱的交线圆为 C，而 A、B 与 C 的正面投影为相交的直线 a'、b'、c'，其交点 $3'$、$(4')$、$5'$、$(6')$ 即是圆 A、B 与圆 C 的交点Ⅲ、Ⅳ、Ⅴ、Ⅵ的正面投影。由于圆 A、B 是水平圆，其水平投影为圆的实形 a、b，将 $3'$、$(4')$、$5'$、$(6')$ 对应投射到水平面上得 3、4、(5)、(6)。

2）连曲线及判别可见性。如图 7-31b 所示，相贯线前、后对称，正面投影中，用实线画出可见的前半部分曲线；水平投影的可见性分界点为圆柱水平投影外形轮廓线上的 9、10 两点，该两点由正面投影连曲线时求得Ⅸ、Ⅹ的正面投影 $9'$、$(10')$，然后再求水平投影。最后把点 9、7、3、1、4、8、10 连成实线，把点 10、(6)、(2)、(5)、9 连成虚线。

3）整理外形轮廓线。如图 7-31b 所示，正面投影中，两回转体的正面投影外形轮廓线画到交点 $1'$、$2'$，圆锥的正面外形轮廓线在 $1'$、$2'$ 之间不画线；水平投影圆柱的外形轮廓线画到 9、10 点为止。

由例 7-15 可见，应用辅助球面法，可在一个投影面上完成相贯线的全部投影作图，这是它比较突出的特点。另外，用辅助球面法还可以准确求出其他方法得不到的某些特殊点，如例 7-13 中相贯线的最右点，例 7-14 中的 K_1 和 K_2 点，具体过程请读者自行分析。

除此之外，对于有些相贯线的求法，还可以采用换面法更简捷，读者可参阅相关书籍。

123

五、相贯线的特殊情况

两回转体的交线一般是空间曲线，但在特殊情况下，它们的交线也可以是平面曲线或直线。下面介绍几种常见的特殊情况。

1）同轴的两回转体表面相交，相贯线是垂直于轴线的圆，在与轴线平行的投影面上，该圆的投影成直线。如图 7-30a 所示的圆柱和球同轴；图 7-30b 所示上半部分是圆锥台与球同轴，下半部分是圆锥台与圆柱同轴。以上两种情况，因为它们的轴线平行于正面，所以在正面投影中，相贯线圆的投影都是直线。

2）当相交两回转体表面共切于一球面时，其相贯线为椭圆。椭圆所在的平面与两回转体轴线构成的平面垂直。在两回转体轴线同时平行的投影面上，椭圆的投影积聚为直线。图 7-32a 所示为正交两圆柱，它们共切一个球面，其相贯线为大小相等的两个椭圆；图 7-32b 所示为斜交的两圆柱共切于一球面，其相贯线为大小不等的两椭圆。以上两种情况中，相贯线椭圆的水平投影为圆，正面投影为直线。图 7-32c 所示为正交的圆锥与圆柱共切于一球面，相贯线为大小相等的两个椭圆；图 7-32d 所示为斜交的圆锥和圆柱共切于一球面，相贯线为两大小不等的椭圆的一部分。以上两种情况中，相贯线椭圆的水平投影仍为椭圆，而正面投影积聚为直线。

3）轴线互相平行的两圆柱相交，其相贯线是两条平行于轴线的直线，如图 7-32e 所示。

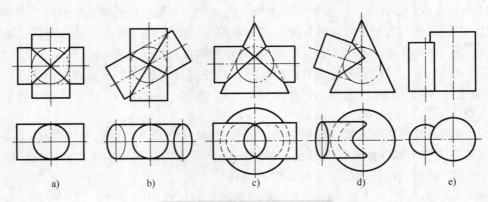

图 7-32 相贯线的特殊情况

六、相贯线的综合应用分析

前面学习了两个回转体表面相交时相贯线的各种情况和作图方法，而实际机件上还会遇到三个或三个以上的立体相交及两个立体多表面相交等情况，此时的相贯线比较复杂，但其作图方法与前面所讲的方法是一样的，只是在作图前要分析各相交立体的形状、相对位置、哪些表面相交及各段交线的形状，再逐个求出彼此相交部分的相贯线。

例 7-16 求作组合体表面的交线，如图 7-33a 所示。

分析：由图 7-33b 可看出，该组合体是由圆柱Ⅰ、Ⅲ、Ⅳ及圆锥台Ⅱ组成的。其中，Ⅰ与Ⅱ同轴，相贯线为圆 A；Ⅱ与Ⅲ同轴，相贯线为圆 B；Ⅳ与Ⅱ、Ⅲ分别正交，相贯线为两段空间曲线，即Ⅳ的上半部分与Ⅱ相交的相贯线为 C，下半部分与Ⅲ的相贯线为 D，C、D 曲线均为前后对称；圆 B 与曲线 C、D 有交点（三面共点）。在回转面无积聚性的投影面上，需分别求出上述曲线的投影。

作图（见图 7-33c）：

1）求Ⅰ、Ⅱ的相贯线 A。因为Ⅰ、Ⅱ的轴线为铅垂线，所以圆 A 的正面投影 a' 及侧面投影 a'' 分别积聚为直线。

2）求Ⅱ、Ⅲ的相贯线 B。与1）同理，圆 B 的正面投影 b' 及侧面投影 b'' 也各自积聚为直线。

3）求Ⅱ、Ⅳ的相贯线 C。因圆柱Ⅳ的轴线为侧垂线，故其侧面投影积聚为圆，则曲线 C 的侧面投影是已知的，其正面投影 c' 及水平投影 c 可用辅助平面法求得。

4）求Ⅲ、Ⅳ的相贯线 D。Ⅲ、Ⅳ两圆柱正交，因两圆柱的水平投影和侧面投影分别有积聚性，故需求作的是交线的正面投影 d'，可用圆柱面上取点法作图。

值得注意的是：b'、c'、d' 应交于点 k'。

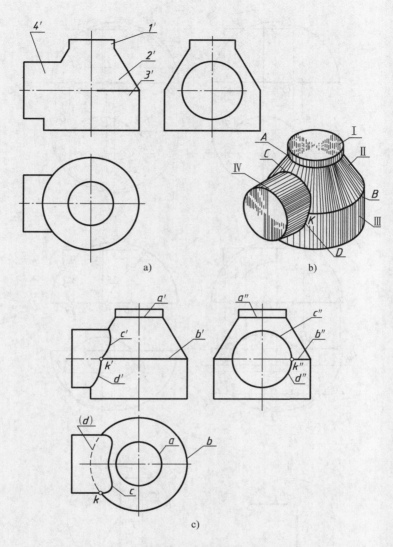

图 7-33 组合体相贯线

a) 组合体相贯线已知条件 b) 组合体立体图 c) 求组合体相贯线的作图方法

例 7-17 求作两立体表面的交线，如图 7-34 所示。

分析：如图 7-34 所示，相交的两立体：一个为四分之一球体，另一个为轴线垂直于水平面的圆柱体。因此，相贯线的水平投影重合于圆柱体有积聚性的水平投影圆周上，并且为两段圆弧。圆柱的上顶面与四分之一球面产生截交线圆弧，其水平投影反映圆弧的实形；四分之一球的后端面平行于圆柱的轴线且与圆柱表面也产生截交线，为平行于圆柱轴线的直线。

作图：

（1）求截交线 如图 7-34a 所示，四分之一球的后端面为正平面，该面的水平投影与

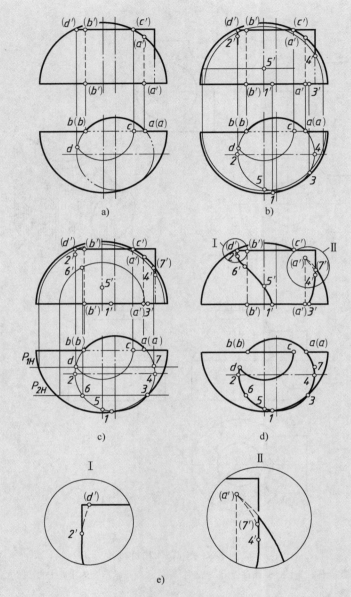

图 7-34　四分之一球与圆柱的相贯线

a）已知条件及求截交线　b）求相贯线的特殊点　c）求相贯线的一般点

d）完成的相贯线投影　e）放大图Ⅰ、Ⅱ

圆柱的积聚性投影圆有两交点 a（a）、b（b），即为截交线的水平积聚性投影，对应求出其正面投影（a'）（a'）、（b'）（b'）；圆柱上顶面为水平面，正面投影积聚为直线，其截交线圆弧的正面投影也积聚在该直线上，圆弧的半径由正面投影可知为 c' 点到四分之一球正面投影竖直中心线的距离，水平投影反映圆弧的实形，即可求出其投影 cd，对应求出（d'）。然后，判别各段截交线的可见性并连线。

（2）求相贯线

　　1）求特殊点。如图 7-34b 所示，由水平投影可知：相贯线的水平投影为两段圆弧，即左边的一段 1 2d 和右边的一段 3 4a，Ⅰ、Ⅲ在四分之一球的底面上，可直接求得其正面投影 1′、3′，Ⅱ、Ⅳ可用辅助平面法（辅助平面为正平面）求出其正面投影 2′、4′。

　　2）求一般点。在图 7-34b 中，用表面取点法求出 V 点的水平投影和正面投影。如图 7-34c 所示，用辅助平面法（辅助平面 P_1、P_2 为正平面）求出Ⅵ、Ⅶ两点的水平投影 6、7 及正面投影 6′、（7′）。

　　3）连曲线及判别可见性。如图 7-34d 及两个局部放大图所示，由于四分之一球面的正面投影都可见，而圆柱面分有前半个柱面和后半个柱面，因此正面相贯线投影的可见性分界点为 2′、4′，即左边的一段 1′5′6′2′画成实线，2′（d′）画成虚线；右边的一段 3′4′画成实线，4′（7′）（a′）画成虚线。

　　4）整理轮廓线。如图 7-34d 及两个局部放大图（见图 7-34e）所示，在水平投影中，由于圆柱面的积聚性，故在 bd 之间断开不画线，而四分之一球的后端面积聚为直线，故 ac 之间断开不画线；在正面投影中，四分之一球的轮廓线在（a′）（c′）之间断开不画线，a′到圆柱轮廓线之间画虚线。

第八章

组 合 体

绘制组合体视图的目的，就是要用视图清楚地表达出组合体的结构形状。而对组合体的视图标注尺寸，则是用以确定视图所表达的组合体的真实大小。因此，组合体的视图表达应包括两个方面：一是绘制组合体的三视图，二是组合体的尺寸标注。

第一节　组合体的三视图及投影规律

组合体三视图是将组合体置于三投影面体系中，并将组合体分别向正投影面（V面）、水平投影面（H面）和侧投影面（W面）上作正投影，所得到的组合体的三个投影视图。

一、三视图的形成

如图 8-1 所示，首先选择将组合体的摆放位置置于最有利于正面投影的位置。即选择使正面投影图能最大限度地反映该组合体形状特征。由此得到的组合体的正面投影，由于能最大限度地反映组合体的形状特征，因此该投影图称为组合体的主视图；组合体的水平投影图称为俯视图；组合体的侧面投影图称为左视图，如图 8-2 所示。

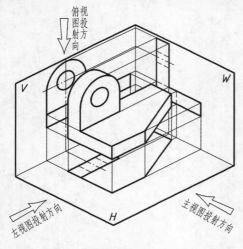

图 8-1 三视图的形成过程

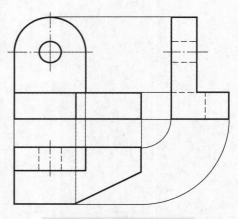

图 8-2 三视图的投影规律

综上所述，在绘制组合体三视图时，由于其目的是为表达组合体的结构形状，因此为了简化画图，并没有像组合体投影图那样画出所有的投影轴和投影连线，而是只保留了组合体在三投影面体系中的投影方法和投影关系。

二、三视图的投影规律

在画组合体三视图时，组合体的投影概念涉及两个空间思维过程：一是将组合体实物通过上述的投影方法和空间想象，正确地画出它的三个视图；二是通过组合体三视图在空间想象出其实形。这是两个可逆的思维过程。这两个思维过程都要求我们必须非常熟练地掌握组合体三视图的投影概念和投影关系，形成一种本能的思维习惯。因此，应熟练掌握三个视图的内在关系及其投影规律。

1. 三视图相对于空间实物的位置关系（见图 8-3）

1）主视图反映空间实物的上下、左右，也能够反映组合体实物的长度和高度（即包含了 X 轴和 Z 轴两个方向的坐标）。

2）俯视图反映空间实物的前后、左右，也能够反映组合体实物的长度和宽度（即包含了 X 轴和 Y 轴两个方向的坐标）。

3）左视图反映空间实物的前后、上下，也能够反映组合体实物的宽度和高度（即包含了 Y 轴和 Z 轴两个方向的坐标）。

2. 三视图的"三等"规律（见图 8-3）

1）主、俯视图长对正。

2）主、左视图高平齐。

3）俯、左视图宽相等。

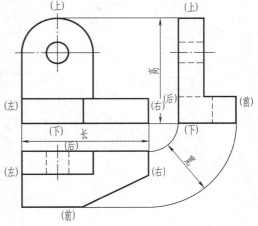

图 8-3　组合体三视图

三视图的"三等"规律是最基本的投影规律。无论是画图还是看图，都必须严格遵守这个最基本的投影规律。三个视图之间不但在整体上应符合"三等"规律，每一个局部结构在视图上也要符合"三等"规律。要将三视图看作是从同一个组合体的三个不同方向投射所得到的三个视图，是一个整体。

第二节　组合体的形体分析及画图

组合体视图包括画组合体视图和看组合体视图两个方面。无论是画组合体视图还是看组合体视图，最主要的方法都是利用形体分析的方法。也就是将复杂的组合体分解成若干个相对简单的形体，然后按各个形体之间的相对位置，逐一地画出它们的投影。如此可大大提高画图或看图速度，降低画图或看图的难度。

一、形体分析法的基本概念

组合体可以假想看作是由一些常见的简单体通过某种方式组合而成的。在画图或看图时，假想将复杂的组合体分解成若干个简单体，按照原有的相对位置逐个地画出。如此，在画组合体视图的过程中，逐一地画出每一个简单体。这种将组合体分解成若干个简单体来画图的假想思维方法，称为形体分析法。这样可化解或简化复杂组合体的画图难度。

1. 常见的简单体

图 8-4 所示为几种常见的简单体的三视图。这些简单体是组合体结构中比较常见的形体，也可假想看作是构成组合体的单一个体。尽管组合体的视图画起来比较复杂，但构成组合体的这些简单体的三视图却可以很容易地画出。

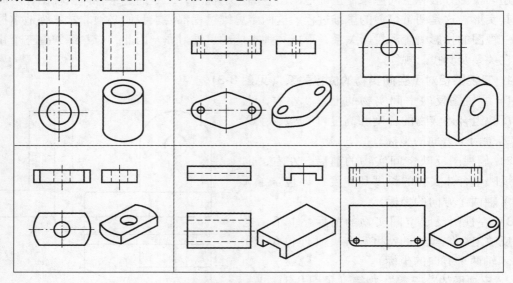

图 8-4　常见简单体的投影

2. 组合体的组成形式

组合体作为一个有复杂结构的几何形体，它是一个整体，实际上是不可拆分的。但为了画图的方便，我们假想把组合体看作是由若干个简单体通过某种组合方式组合而成的。组合体的复杂程度是相对的，因此如果按复杂程度来划分形体，可分为以下三种：

（1）基本体　它包括棱柱、棱锥等基本平面立体、圆柱体、圆锥体、球体、圆环体。这样的基本形体一般是不可再分的单一体。

（2）简单体　它包括不完整（被切割）的棱柱、棱锥等基本平面立体，不完整（被切割）的圆柱体、圆锥体、球体、圆环体。简单体相对于基本体而言要复杂一些，因为它已经不是单一体了，或者说简单体就是简单的组合体（见图 8-4）。

（3）组合体　它是假想的若干个简单体或基本体组合而成的复杂形体（见图 8-1）。

3. 组合体的形体分析

既然组合体可以假想分解成若干个简单体或基本体，因此任何一种组合体总可以假想按以下三种方式组合而成。当然，也可以假想按以下三种方式分解。

第一种组合体：由基本体通过若干次挖切而成（见图 8-5）。

第二种组合体：由若干个简单体或基本体通过叠加的方式组合而成（见图 8-7）。

第三种组合体：由若干个简单体或基本体通过叠加及若干次挖切而成（见图 8-10）。这是一种最主要或最常见的组合方式。

二、应用形体分析法画组合体三视图

（一）第一种组合体

1. 对组合体进行形体分析

图 8-5 所示为经过三次挖切而成的组合体。应用形体分析法，假想将组合体看作是由长方体依次挖切去（1）体、（2）体、（3）体而成的。在画这种组合体时，首先要将组合体"还原"成长方体画出，然后依次挖切。但每一次挖切产生的图线，都应该画在主、俯、左三个视图上，然后再进行下一次挖切。

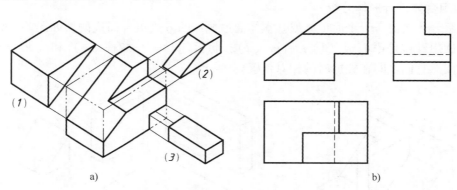

a)　　　　　　　　　　　　　　　b)

图 8-5　挖切体的形体分析及投影

2. 应用形体分析法画图

步骤：如图 8-6 所示。

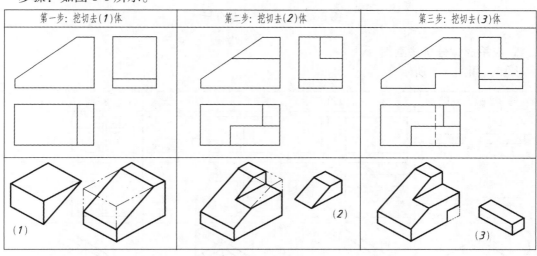

第一步：挖切去（1）体	第二步：挖切去（2）体	第三步：挖切去（3）体

图 8-6　挖切体的画法

第一步：量取组合体的长、宽、高尺寸，严格按照"三等"规律画出长方体的三视图，然后在主视图上量取（1）体的长度与高度，挖切去（1）体，并按"三等"规律画出挖切后产生的其他两个视图上的图线。

第二步：在左视图上量取（2）体的前后尺寸（厚度）及高度尺寸，挖切去（2）体，画出挖切后的图线，再按"三等"规律画出挖切后产生的其他两个视图上的图线。

第三步：在主视图上量取（3）体的长度和高度尺寸并画出挖切后产生的图线，再按"三等"规律画出挖切后产生的其他两个视图上的图线。

第四步：清理图面、检查修改、描深（见图 8-5b）。

通过第一种组合体画三视图形体分析法的应用得知，形体分析法就是将组合体分解成若干部分，然后一部分一部分地画出它们的投影，最后完成组合体的三视图。

（二）第二种组合体

1. 对组合体进行形体分析

这种组合体是由若干个简单体或基本体通过叠加的方式组合而成的。如图 8-7 所示，组合体可以假想看作是由底板（1）、后板（2）、肋板（3）、三棱柱（4）和（5）叠加而成的，但要注意它们之间在叠加时的相对位置。

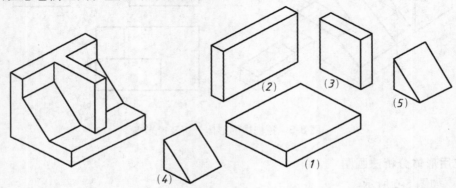

图 8-7　叠加体的形体分析

2. 应用形体分析法画图

步骤：如图 8-8 所示。

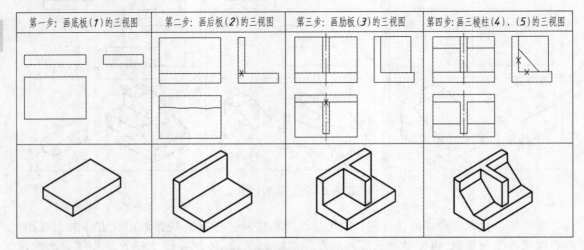

第一步：画底板(**1**)的三视图	第二步：画后板(**2**)的三视图	第三步：画肋板(**3**)的三视图	第四步：画三棱柱(**4**)、(**5**)的三视图

图 8-8　叠加体的作图过程

第一步：量取组合体的底板（1）的长、宽、高三个尺寸，严格按"三等"规律画出底板（1）的三视图。

第二步：叠加后板（2）到底板（1）上。量取后板（2）的厚度和高度两个尺寸，按后板（2）与底板（1）长度相等，后表面对齐的相对位置，按"三等"规律画出后板（2）的三视图。应注意后板（2）与底板（1）的长度相等，左右端面是在同一平面内的，在叠加时左视图上没有横线。

第三步：叠加肋板（3）到底板（1）上。因为肋板（3）与后板（2）是等高的，所以在俯视图上两者叠加时没有横线。在主视图上量取肋板（3）的厚度尺寸，在俯视图上量取宽度尺寸，按"三等"规律画出肋板的三视图。

第四步：叠加三棱柱（4）、（5）到底板（1）上。量取长、高两个尺寸，因为三棱柱（4）、（5）与底板（1）、后板（2）的左右端面都是对齐的，所以叠加后在左视图上互相之间没有横线。按"三等"规律画出三棱柱（4）、（5）的三视图。

第五步：检查、修改、清理图面，最后描深，如图8-9所示。

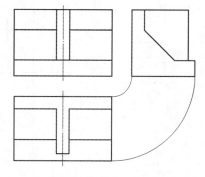

图 8-9 叠加体的三视图

（三）第三种组合体

现在我们已经有了画第一种组合体（挖切体）和第二种组合体（叠加体）三视图的形体分析方法和步骤，可以用同样的方法和步骤来画第三种组合体（既有挖切又有叠加）的三视图。

1．对组合体进行形体分析

这种组合体可以假想分解成由若干个简单体或基本体通过叠加及若干次挖切而成。这是一种最主要或最常见的组合方式。如图 8-10 所示，组合体可以假想看作是由底板（1）、长方体（2）、凸出体（3）叠加，底板（1）挖切去长方体（4），长方体（2）挖切去长方体（5），长方体（2）和凸出体（3）同时挖切去同一圆柱体（6）和（7）而成的。在画它的三视图前，应注意它们之间在叠加时的相对位置以及各个简单体的结构形状和尺寸。

133

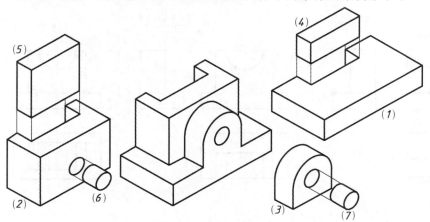

图 8-10 组合体的形体分析

2. 应用形体分析法画图

步骤：如图 8-11 所示。

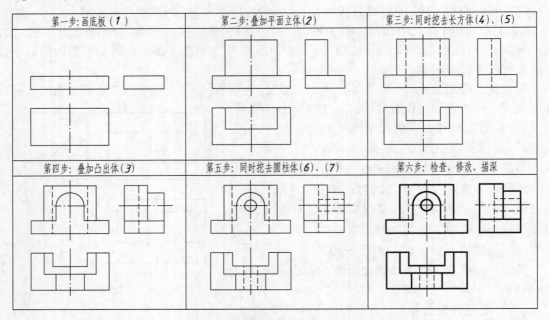

图 8-11 组合体的作图过程

三、形体分析法画图中的交线问题

即使我们能够正确利用形体分析法画组合体视图，在画视图过程中也会遇到简单体之间在叠加过程中的交线问题，这也是画图中最容易出现错误的地方。

1. 平面立体与平面立体叠加

如图 8-12 所示，两简单体叠加的相对位置决定了交线存在的三种情况，应该在画图中结合空间实体正确画出。图 8-12a 中，上、下两简单体叠加，后表面对齐时在叠加处画粗实

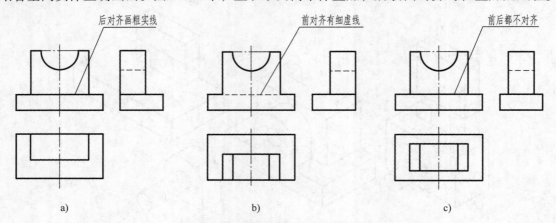

图 8-12 不同情况的叠加式组合体

线；图 8-12b 中，上、下两简单体叠加，前表面对齐时在叠加处画细虚线；图 8-12c 中，上、下两简单体叠加，前、后表面都不对齐时在叠加处画粗实线。

2. 平面立体与曲面立体叠加

如图 8-13 所示，两简单体叠加的相对位置决定了两者交线的四种情况，应该在画图中结合空间实体正确画出。图 8-13a 中，圆柱体直径小于底板宽度时，在叠加处画粗实线；图 8-13b 中，底板与圆柱体相切时，在叠加处两端实线画到切点；图 8-13c 中，底板与圆柱体相交时，在相交处画截交线；图 8-13d 中，圆柱体随底板宽度被截切时，画出截交线。

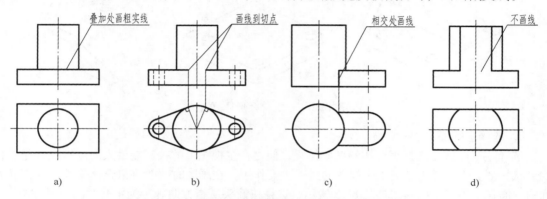

图 8-13 两简单体叠加的相对位置

3. 两回转体叠加

如图 8-14 所示，两圆柱实体同轴叠加的外部交线（见图 8-14a）及内部柱、锥虚体叠加时的倒角线按图 8-14a 画出；两圆柱虚体同轴叠加的内部交线按图 8-14b 画出；圆柱实体外部倒角线按图 8-14c 画出等。这样的结构及部位在画组合体视图时是很容易漏掉的，应特别注意。

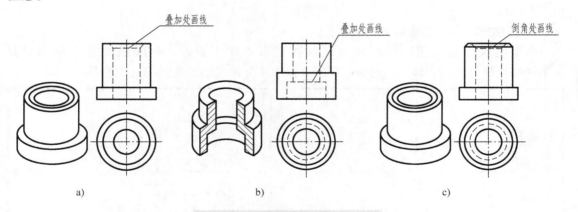

图 8-14 两回转体叠加的相对位置

四、画组合体三视图

在掌握了组合体画图中的形体分析方法后，现以图 8-15 所示的组合体为例，完整地阐述画组合体视图的步骤。

1. 对组合体进行形体分析

将该组合体假想分成四个简单体：底板（1）、圆柱体（2）、支承板（3）和肋板（4）。应注意它们之间的相对位置，在画图时用定位尺寸确定它们之间的相对位置（见图8-15）。

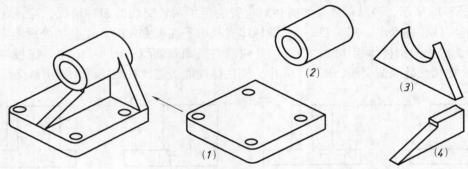

图8-15　组合体及形体分析

2. 选择主视图

选择主视图就是选择组合体的摆放位置，使之在主视图上的投影能最大限度地反映组合体的形状特征。也就是为了突出主视图的这一主要作用，在画图时一般将组合体最能反映形状特征的一面在主视图上画出。如图8-15所示，选择按箭头所指方向确定为主视图的投射方向。

3. 确定绘图比例和图幅

在画图前根据组合体实物的大小，确定恰当的绘图比例及图纸幅面。一般情况下，小组合体应按放大比例绘制，大组合体应按缩小比例绘制。

4. 布图

布图的目的是使所绘制的图样能均匀分布在整个图纸幅面上。主、俯、左三个视图之间应间隔均匀，且与边框线的间隔也要均匀。布图的结果是使三个待画视图的位置都予以确定（见图8-16a）。

5. 打底稿线（即按形体分析画图）

为了确保绘制视图的图面质量及画图过程中便于修改，打底稿线是必需的（见图8-16a）。这是画组合体视图的核心步骤。按形体分析法画出全图（见图8-16b~e）。

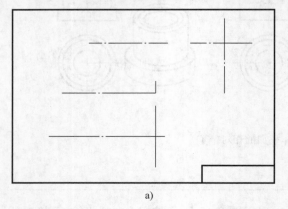

a)

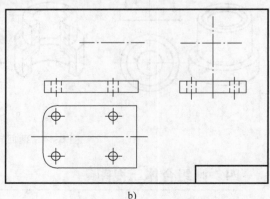

b)

图8-16　组合体三视图的作图过程

a) 布图　b) 画下底板

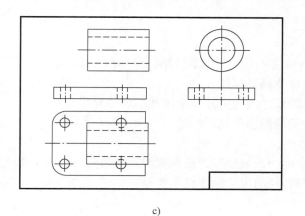

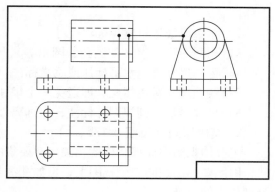

c)   d)

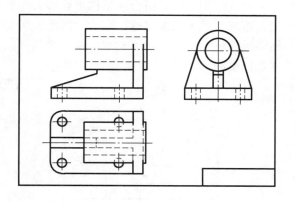

e)   f)

图 8-16 组合体三视图的作图过程（续）

c）画圆柱体 d）画支承板 e）画肋板 f）检查、修改、描深

6. 检查、修改、描深

要详细检查视图的投影中存在的错误，修改后清理图面，最后描深（见图 8-16f）。

137

第三节 组合体的尺寸标注

组合体的视图只能表达组合体的结构形状，不能表达组合体的大小，因而没有度量性。组合体的实际大小是由尺寸确定的。尺寸标注的基本要求是符合国家标准，尺寸标注的基本方法是形体分析法。

一、尺寸标注的原则

尺寸标注的原则是国家标准规定的基本要求。为了规范地进行尺寸标注，必须遵守以下原则：

1. 清晰原则（见图 8-17a、b）

1）尽量将尺寸标注在主、俯两个视图上。当主、俯视图上无法标注时再考虑在左视图上标注。

2）图中虚线尽量避免标注尺寸。

3）相同图形要素（如圆孔、圆角等）只标注一个。相同部位结构只标注一次。

4）径向尺寸避免水平标注或垂直标注，即要倾斜标注。

5）线性尺寸避免相交，即避免一个尺寸的尺寸线与另外一个尺寸的尺寸界限相交。

6）尺寸尽量拉到视图外标注，但远离外侧的图形应就近标注。

2. 集中原则（见图 8-17b、c）

组合体视图中局部结构的相关尺寸要集中标注，如底板的长和宽涉及的是同一个几何形状，因此要标注在同一个视图上；再如孔深与孔径的尺寸标注也不要分开；还要注意内、外分别集中的标准。

3. 完整原则（见图 8-19）

尺寸是用来确定组合体结构形状和大小的。如果缺一个尺寸就无法确定组合体的某一结构，当然也就无法画出这个结构。因此，组合体的尺寸数量是一定的。在标注尺寸时，既不能多标注一个尺寸，也不能少标注一个尺寸，这样才能确保尺寸所确定的结构是唯一的，尺寸是完整的。

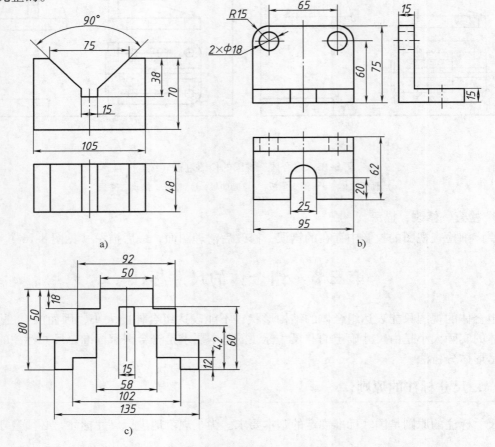

图 8-17　组合体尺寸标注的原则

a）清晰原则　b）清晰原则与集中原则　c）集中原则（内、外分别集中）

二、尺寸的分类

在组合体尺寸标注中，应该做到清楚所标注的每一个尺寸的类型及其作用。组合体的尺寸按其作用可分为以下三种：

（1）定形尺寸　能够确定组合体某一部位几何形状的尺寸；或按形体分析法分析，确定组合体中某一简单体的形状的尺寸。

（2）定位尺寸　能够确定组合体某一部位几何形状位置的尺寸；或按形体分析法分析，确定组合体中某一简单体在组合体中位置的尺寸。

（3）最大外形尺寸　确定组合体整体最大的外形尺寸。

三、按形体分析法标注尺寸

在尺寸标注前，我们所面对的视图本来就是按形体分析的顺序画出来的，利用形体分析法画图后，仍然可以按同样的形体分析法和步骤进行尺寸标注。也就是利用形体分析法对构成组合体的简单体逐一地进行尺寸标注，使对组合体的尺寸标注过程简化为对各个简单体的尺寸标注，并做到有序化标注，从而避免在繁杂的尺寸标注中遗漏尺寸。为了正确使用形体分析法进行尺寸标注，可将组合体尺寸分为以下三部分：

第一部分：简单体的定形尺寸。按形体分析的顺序先标注某一简单体的外形尺寸，然后由外向里、由大向小逐一进行标注，直至完成该简单体的尺寸标注。接着进行下一个简单体的尺寸标注。

第二部分：简单体的定位尺寸。即标注该简单体在组合体中的位置尺寸。

第三部分：组合体的最大外形尺寸。当所有简单体的尺寸标注都完成后，该组合体的尺寸应该只缺少第三部分尺寸，即最大外形尺寸。标注最大外形尺寸后就完成了所有尺寸的标注。

利用形体分析法标注尺寸，就是组合体的有序化标注，有利于实现组合体尺寸标注的完整性及正确性。

1. 简单体的尺寸标注示例

简单体的尺寸标注示例如图 8-18 所示。

2. 组合体尺寸的有序化标注

按形体分析进行有序化标注的步骤如下（见图 8-19）：

1）标注底板：长 118、宽 99、高 18、圆角 $R15$，四个孔定形尺寸 $4×\phi12$，四个孔定位尺寸 15、78、70。

2）标注圆柱体：大、小直径 $\phi46$、$\phi29$，长 75，定位尺寸 73。

3）标注支承板：定形尺寸厚 10，没有定位尺寸。

4）标注肋板：定形尺寸厚 11、长 58、角度尺寸 22°，没有定位尺寸。

5）标注组合体的最大外形尺寸：长 125，宽和高已标注过，不能重复标注。

按这样的形体分析法逐一对各形体进行定形尺寸及定位尺寸的标注，标注过程中的每一个形体都是简单体，这样就把组合体的尺寸标注转化为若干个简单体的尺寸标注，从而避免了标注过程过于复杂而出现错标和漏标的现象。

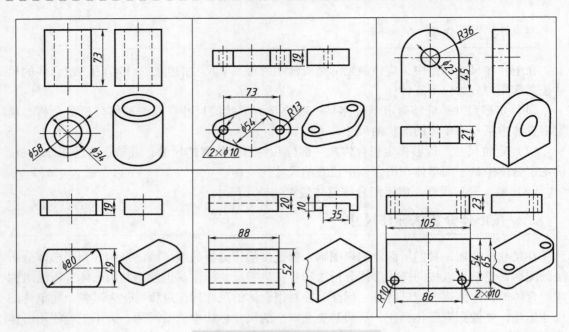

图 8-18 简单体的尺寸标注示例

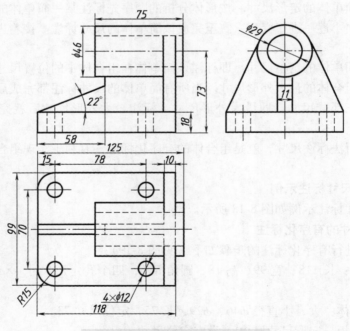

图 8-19 组合体的尺寸标注示例

第四节 组合体看视图

尽管画图和看图是两个相反的空间思维过程,但两者所遵循的概念却是同一个。画图是通过空间组合体实形转为用视图表达的空间思维过程,而看图则是由视图想象并确定出所表达的空间组合体实形的空间思维过程。因此，画图和看图是同一个概念的两个过程。以下介绍看视图的方法。利用恰当的看图方法能有助于快速、准确地看视图。

一、看视图的基本规律

看视图实际上是一个思维过程，有它自身的思维规律。应按以下基本规律看组合体视图。

1）从大往小看。即先看大结构后看小结构，大结构看懂了再看小结构。

2）从外往里看。即先看外部结构后看内部结构，外部结构看懂了再看内部结构。

3）从粗往细看。即先看整体后看局部，再看细节，整体结构看懂了再看结构细节。

二、看视图的方法

1. 形体分析法

不但要利用形体分析法画图和标注尺寸，也要利用形体分析法看视图。这个过程是画组合体视图的反向过程，通过二维图形空间想象出三维实体。为了简化这个过程，利用形体分析法将组合体视图尽可能地按叠加方式分成若干个简单体，逐一看简单体视图并想象出它们的结构形状，最终组合到一起，想象出组合体的整体结构。

例如，按形体分析法看视图（见图 8-20）：① 看下底板想出结构形状；② 看圆柱体想出结构形状；③ 看肋板想出结构形状；④ 看整体综合想出组合体的整体结构形状。

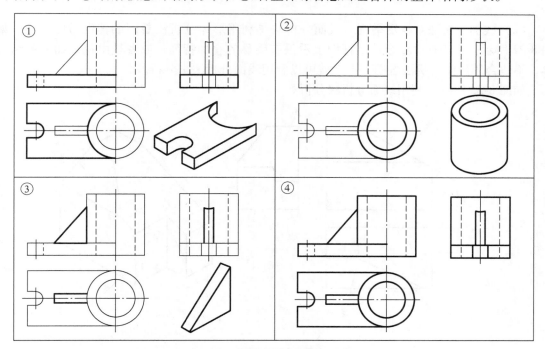

图 8-20 形体分析法读组合体

2. 线面分析法

利用形体分析法固然可以帮助我们快速看视图，并想象出各个简单体之间的叠加关系和组合体的整体形状，但对于那些没有明显叠加特征的组合体，从看视图的方面进行形体分析就有一定困难。线面分析法不受组合体形状特征的影响，尤其适合于对组合体某一局部的线或面进行细致的分析。

（1）线面分析法的基本概念 在组合体视图中，多数情况下，一个视图中的一条线对应于另一视图中的一个封闭线框。一个视图中的一个封闭线框也对应于另一视图中的一条线。而一个封闭线框或一条线在空间则可能是组合体中的某一凸面或凹面，这个凸面或凹面也许是平面，也许是曲面，也许是平面与曲面相切。如图 8-21 所示，同一视图中由于一封闭线框所表示的凸凹、平曲的不同，可以是不同的组合体。线面分析法的概念就是利用组合体视图中某一条线或某一封闭线框，去对应另一个视图中的某一封闭线框或某一条线，从而确定这个封闭线框或这条线表示的是凸或凹面，还是平或曲面。

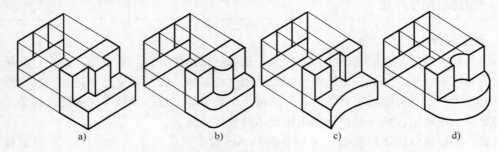

a)   b)   c)   d)

图 8-21 线面分析法读组合体（一）

（2）线面分析法看视图举例 线面分析法是利用形体分析法看图的辅助看图方法。如图 8-22 所示，由于这个组合体从视图上看没有明显的叠加特征，或者是由挖切而来的组合体，不适合用形体分析法看图，那么就可以利用线面分析法来分析。

如图 8-22 所示，利用线面分析法分析如下：

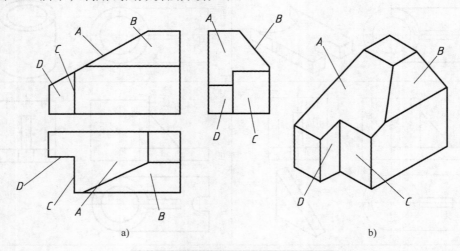

a)   b)

图 8-22 线面分析法读组合体（二）

A 面：主视图为一条斜线，俯视图对应一封闭线框，左视图也对应一封闭线框，则表示为一个垂直于 *V* 面的斜平面。

B 面：主视图为一封闭线框，俯视图对应一封闭线框，左视图对应一条线，则表示为一个垂直于 W 面的斜平面。

C 面：主视图为一条线，俯视图对应一条线，左视图对应一封闭线框，则表示为一个平行于 W 面的侧平面。

D 面：主视图为一封闭线框，俯视图对应一条线，左视图也对应一条线，则表示为一个平行于 V 面的正平面。

第九章

轴 测 投 影

前面章节中介绍的正多面投影（三视图），完全可以表示空间物体的形状和大小，但是它立体感差，缺乏看图基础的人难以看懂。为了有助于看图，人们经常借助于富有立体感的轴测图，如前面章节中的插图。作为辅助图样，轴测图可弥补正多面投影的不足。在工程中，轴测图常用于产品说明书、结构设计、管道系统图以及广告等方面。

第一节　轴测投影的基本概念

将物体连同其直角坐标系，沿不平行于任一坐标平面的方向，用平行投影法将其投射在单一投影面上所得到的图形称为轴测图。轴测图有正轴测图和斜轴测图之分。按投射方向与轴测投影面垂直的方法画出的是正轴测图，按投射方向与轴测投影面倾斜的方法画出的是斜轴测图。

轴测图是单面投影图，这个投影面就称为轴测投影面。轴测图是根据平行投影法画出的平面图形，它具有平行投影的一般性质，如平行关系不变、平行线段的长度比不变等。如图9-1所示，空间直角坐标系的 OX、OY 和 OZ 坐标轴，在轴测投影面上的投影为 O_1X_1、O_1Y_1 和 O_1Z_1，称为轴测轴。两轴测轴间的夹角 $\angle X_1O_1Y_1$、$\angle X_1O_1Z_1$ 和 $\angle Z_1O_1Y_1$ 称为轴间角。空间直角坐标轴 OX 上的单位长度 OA 在轴测轴 O_1X_1 上为 O_1a_1，比值 O_1a_1/OA 称为 X 轴的轴向伸缩系数，用符号 p_1 表示。各轴的轴向伸缩系数如下：

X 轴的轴向伸缩系数 $p_1 = O_1a_1/OA$

Y 轴的轴向伸缩系数 $q_1 = O_1b_1/OB$

Z 轴的轴向伸缩系数 $r_1 = O_1c_1/OC$

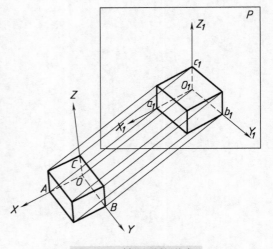

图 9-1 轴测图的形成

第二节 正等轴测图

一、正等轴测图的形成

使直角坐标系的三根坐标轴对轴测投影面的倾角相等，并用正投影法将物体向轴测投影面投射所得到的图形称为正等轴测图。

画轴测图时必须知道轴间角和轴向伸缩系数。在正等轴测图中，由于直角坐标系的三根坐标轴对轴测投影面的倾角相等，因此轴间角都是120°，各轴的轴向伸缩系数相等，都是0.82。根据这些系数，就可以度量平行于各轴向的尺寸。所谓轴测，就是指可沿各轴测量的意思。而所谓等测，则表示这种图各轴向的伸缩系数相等。画正等轴测图时，为了避免计算，一般用1代替0.82，称为简化系数，并分别以 p、q、r 表示。为使图形稳定，一般取 O_1Z_1 为竖线，如图9-2所示。为使图形清晰，轴测图通常不画虚线。

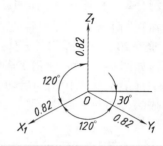

图9-2　正等轴测图的轴测轴、轴间角与轴向伸缩系数

二、正等轴测图的画法

（一）平面立体轴测图的画法

画平面立体轴测图的基本方法是，沿坐标轴测量，按坐标画出各顶点的轴测图，该方法称为坐标法。对不完整的形体，可先按完整形体画出，然后用切割的方法画出其不完整部分，此方法称为切割法。对另一些平面立体则用形体分析法，先将其分成若干基本体，然后再逐个将基本体组合在一起，此方法称为组合法。下面举例说明这三种方法的画法。

1. 坐标法

例9-1　如图9-3a所示，根据截头棱锥的主、俯视图，画出它的正等轴测图。

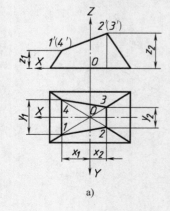
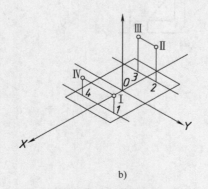
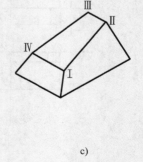

a)　　　　　　　　　　　　b)　　　　　　　　　　　　c)

图9-3　用坐标法作正等轴测图

145

在视图上定坐标轴，原点在底面中心（见图9-3a）。画轴测轴，沿 X、Y 轴量画底面。由 x_1、x_2、y_1、y_2 作点Ⅰ、Ⅱ、Ⅲ、Ⅳ的投影1、2、3、4，再沿 Z 轴方向量 z_1、z_2 得Ⅰ、Ⅱ、Ⅲ、Ⅳ（见图9-3b）。连接各点及棱，即得截头棱锥。轴测图中一般不画虚线。擦去多余的作图线，然后描深，如图9-3c所示。

2. 切割法

📝 **例9-2** 根据平面立体的三视图（见图9-4a），画出它的正等轴测图。

在视图上定坐标轴，原点在后下角（见图9-4a）。画轴测轴，沿 X、Y、Z 轴分别量出尺寸36、20、25，作出长方体；沿 X、Y 轴分别量出尺寸18、8，然后连线切去左上角的斜面，如图9-4b所示。沿 Y 轴量出尺寸10，平行于 XOZ 面由上往下切；沿 Z 轴量出尺寸16，平行于 XOY 面由前向后切，两面相交切去一角，如图9-4c所示。擦去多余的作图线，然后描深，如图9-4d所示。

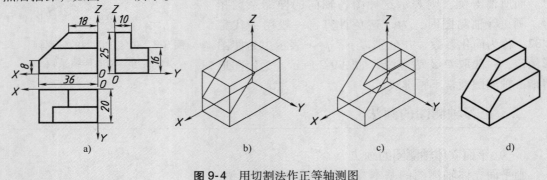

图9-4 用切割法作正等轴测图

3. 组合法

📝 **例9-3** 根据平面立体的三视图（见图9-5a），画出它的正等轴测图。

在视图上定坐标轴，原点在后下角，并将组合体分解成三个基本体（见图9-5a）。画

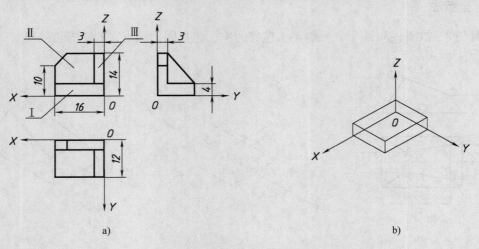

图9-5 用组合法作正等轴测图

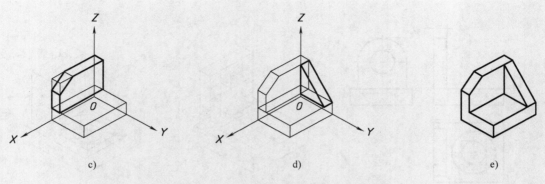

图9-5 用组合法作正等轴测图（续）

轴测轴，沿轴量出 16、12、4，画出形体 Ⅰ（见图9-5b）。形体 Ⅱ 与形体 Ⅰ 左、右和后面共面，沿轴量出尺寸 16、3、14，画出长方体，再量出尺寸 12、10，画出形体 Ⅱ（见图9-5c）。形体 Ⅲ 与形体 Ⅰ 和形体 Ⅱ 右面共面，沿轴量出尺寸 3，画出形体 Ⅲ（见图9-5d）。擦去形体间不应有的交线和被遮挡的图线，然后描深，如图9-5e所示。

（二）曲面立体轴测图的画法

1. 圆的正等测性质

在一般情况下，圆的轴测投影为椭圆。根据理论分析（证明从略），坐标面（或其平行面）上圆的正轴测投影（椭圆）的长轴方向与该坐标面垂直的轴测轴垂直，短轴方向与该轴测轴平行。对于正等测，水平面上椭圆的长轴处在水平位置，正平面上椭圆的长轴方向为向右上倾斜60°，侧平面上椭圆的长轴方向为向左上倾斜60°，如图9-6所示。

在正等测中，如采用轴向伸缩系数，则椭圆的长轴为圆的直径 d，短轴为 $0.58d$。

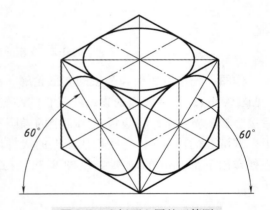

图9-6 坐标面上圆的正等测

如按简化系数作图，其长、短轴长度均放大 1.22 倍，即长轴长度等于 $1.22d$，短轴长度约为 $0.7d$。

2. 曲面立体的正等测画法

例9-4 根据支座的三视图（见图9-7a），画出它的正等轴测图。

分析：支座由下部的矩形底板和右上方一块上部为半圆形的竖板组成。先假定将竖板上的半圆形及圆孔均改为它们的外切方形，如图9-7a中左视图上的双点画线所示，作出上述平面立体的正等测，然后再在方形部分的正等测——菱形内，作出它的内切椭圆。底板上的阶梯孔也按同样方法作出。

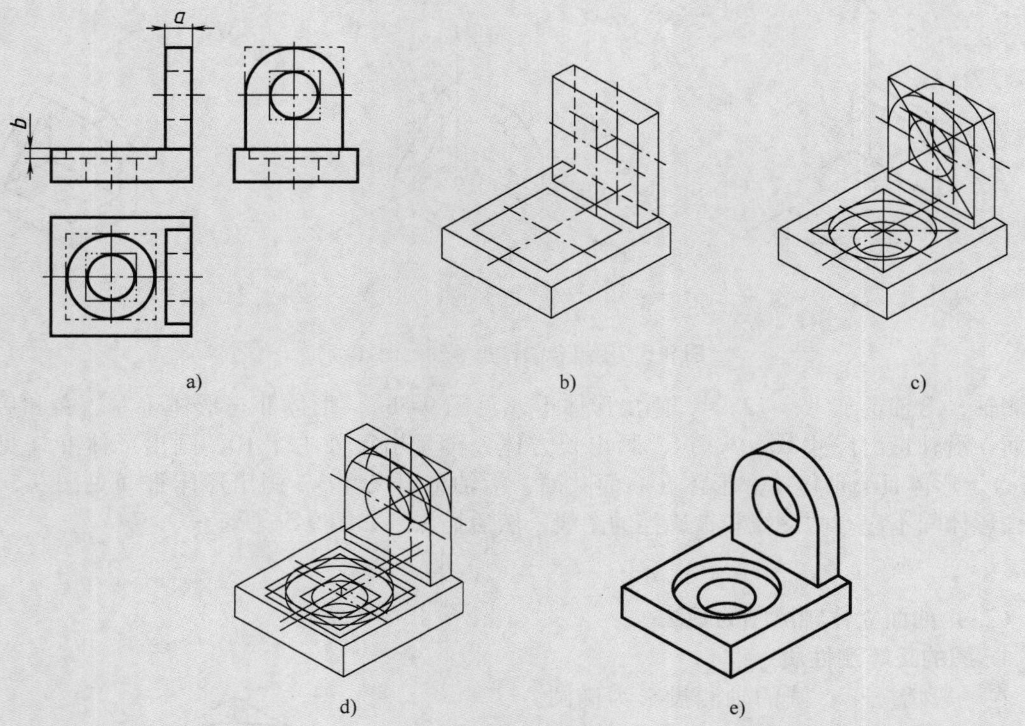

图 9-7　支座的正等测作图步骤

　　作图：先作出底板和竖板的方形轮廓，并用点画线定出底板和竖板表面上孔的位置（见图 9-7b）；再在底板的顶面和竖板的左侧面上画出孔与半圆形轮廓（见图 9-7c）；然后按竖板的宽度 a，将竖板左侧面上的椭圆轮廓沿 X 轴方向向右平移一段距离 a；按底板上部沉孔的深度 b，将底板顶面上的大椭圆向下平移一段距离 b，然后再在下沉的中心处作出下部小孔的轮廓（见图 9-7d）；最后擦去多余的作图线并描深，如图 9-7e 所示。

第三节　斜二等轴测图

一、斜二等轴测图的形成

　　投射线对轴测投影面倾斜，就得到实物的斜轴测图。

　　由于坐标面 XOZ 平行于轴测投影面，故它在轴测投影面上的投影反映实形。X_1 和 Z_1 轴的轴间角为 90°，X 和 Z 轴的轴向伸缩系数都等于 1，因而称为斜二等轴测图。

　　在斜轴测图中，$\angle X_1 O_1 Y_1$ 和 Y 轴向伸缩系数可以任意选择，但为了画图方便和考虑立体感，在选择投射方向时，恰好使 Y_1 和 X_1、Z_1 轴的夹角都是 135°，并令 Y 轴的轴向伸缩系数为 0.5，如图 9-8 所示。当零件只有一个方向有圆或形状复杂时，为了便于画图，宜用斜二等轴测图表示。

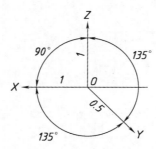

图 9-8　斜二等轴测图轴间角和轴向伸缩系数

二、斜二等轴测图的画法

画斜二等轴测图通常从最前面的面开始，沿 Y_1 轴方向分层定位，在 $X_1O_1Z_1$ 轴测面上定形。注意 Y_1 方向的轴向伸缩系数为 0.5。

例 9-5　根据轴座的主、俯视图（见图 9-9a），画出它的斜二等轴测图。

分析：轴座的正面有两个不同直径的圆或圆弧，在斜二等轴测图中都能反映实形。

作图：如图 9-9b 所示，先作出轴座下部平面立体部分的斜二测，并在竖板的前表面上确定圆心 O 的位置，并画出竖板上的半圆。过 O 点作 Y 轴，取 $OO_1 = 0.5h$，O_1 即为竖板背面的圆心。以 O 为圆心作出圆孔，再作出两个半圆的公切线，即完成竖板的斜二测（见图 9-9c）。最后擦去多余的作图线并描深，如图 9-9d 所示。

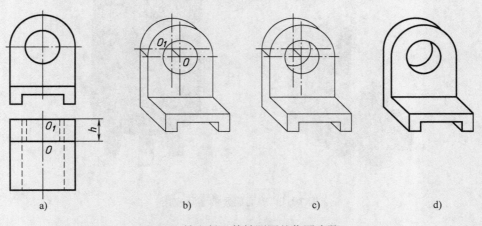

a)　　　　　　　b)　　　　　　　c)　　　　　　　d)

图 9-9　轴座斜二等轴测图的作图步骤

149

第十章

表 面 展 开

在现代工业中，如汽车、化工、容器、管道等行业，经常会见到一些用金属板材制成的零件，这些零件称为钣金件，如图 10-1 所示。制造这类制件时，通常是先在薄板上画出表面展开图，下料后加工成形，再用咬缝或焊缝连接。展开下料精确、误差小，在焊接时省工省时，能降低材料消耗，提高钣金件的加工质量和生产效率。

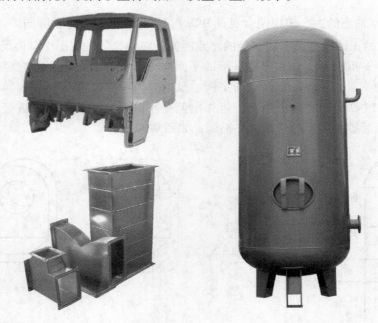

图 10-1 表面展开的实际应用

将立体表面按其实际大小和形状分成若干个小块平面，依次连续地展平在同一个平面上，此称为立体表面的展开。展开后所得的图形，称为展开图。立体表面按是否可展开的性质分为可展与不可展两种。平面立体的表面都是平面，是可展的；曲面立体的表面是否可展，则要根据组成其表面的曲面是否可展而定。凡是相邻两条素线彼此平行或相交（能构成一个平面）的曲面，是可展曲面，如柱面、锥面、切线曲面等。凡是相邻两条素线成交叉两直线（不能构成一个平面）或母线是曲线的曲面，是不可展曲面，如球面、圆环面、椭圆面等。在生产中不可展表面可采用近似作图法展开。

绘制展开图有两种方法：图解法和计算法。图解法是根据展开原理得到的，其实质是作立体表面的实形。而作实形的关键是求线段的实长和曲线的展开长度。图解法具有作图简捷、直观等优点，目前应用较广。计算法是用解析计算代替图解法中的展开作图过程，求出曲线的解析表达式及展开图中一系列点的坐标、线段长度，然后绘出图形或直接下料的方法。随着计算机技术的发展，这种方法更显示出准确、高效以及便于修改、保存等优点，因而得到了日益广泛的应用。

第一节　平面立体的表面展开

一、概述

平面立体的各棱面均为多边形。绘制展开图时，首先应求出这些多边形的实形，然后将它们依次连续地画在一个平面上，即得该平面立体的表面展开图。

采用图解法作可展表面展开图的基本方法有三角形法和平行线法。

1. 三角形法

根据一个三角形确定一个平面，将立体表面分成若干个三角形，并依次逐个展开得到展开图的方法，称为三角形法。该方法通常用于锥面和切线曲面的展开。

2. 平行线法

根据平行线确定一个平面，将立体表面以两相邻的平行线为基础构成的图形为一平面，并依次逐个展开得到展开图的方法，称为平行线法。该方法用于柱面的展开。

平行线法，根据其作图方法的不同，又可分为正截面法和侧滚法。

（1）正截面法　当柱棱与柱的底面不垂直时，必须先作一个与柱棱垂直的正截面，并将组成正截面的各边展开成一直线，这时在展开图上棱线必垂直于该直线，即可逐一画出各表面的展开图，这种方法称为正截面法。如果已知条件中，柱棱垂直于柱底面，则柱底面就是正截面。

（2）侧滚法　当柱棱平行于投影面时，以柱棱为旋转轴，将柱的表面逐个绕投影面平行轴旋转到同一个平面上，得到展开图，这种方法称为侧滚法。当柱棱不平行于投影面时，可用换面法，先将柱棱变换到平行于投影面的位置，然后再作展开图。

二、棱锥的表面展开

锥面的表面展开主要是应用三角形法，即要把它的各个棱面三角形和底面的实形依次画在一个平面上，实际上就是要求出各个棱边的实长。如图 10-2 所示，求三棱锥 $S\text{-}ABC$ 的表面展开图。由于底面 ABC 是水平面，因此 ab、bc、ca 反映了底面各底边的实长，abc 反映了底面的实形。而各棱面都是一般位置平面，都不反映实形，为此须求出各棱 SA、SB、SC 的实长，才能与有关底边组合，画出各个棱面的实形。

棱 SA 是正平线，$s'a'$ 反映实长。用直角三角形法求棱 SB、SC 的实长：先作 s_1s_x 竖直线，等于 s' 到水平面 ABC 的距离，以 s_1s_x 为一直角边，并取 $s_xb_1 = sb$，$s_xc_1 = sc$ 各为另一直角边，斜边 s_1b_1 和 s_1c_1 即为所求棱的实长。然后从任意取定的一条棱开始，例如从 SB 开始，按已

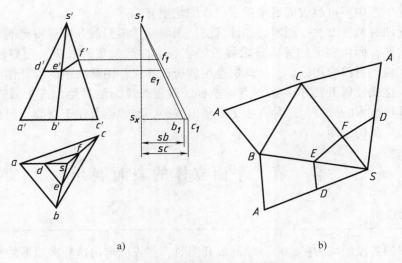

a)

b)

图 10-2　三棱锥的表面展开

知三棱和各个底边的实长，依次画出各棱面三角形 *SAB*、*SBC*、*SCA* 和底面 *ABC*，即得到如图 10-2b 所示的展开图。

在展开图上确定 *DEF* 封闭折线的位置。由于点 *D*、*E*、*F* 分别在各个棱上，通过作图确定各点在实长线上的准确位置，然后在展开图的各棱上截得相应点的位置。图中 $s'd'$ 反映 *SD* 的实长，*SE* 和 *SF* 的实长可用分割线段成比例的原理求出，然后应用所求实长定出展开图上 *DEFD* 的准确位置，如图 10-2b 所示。

如用平面截切三棱锥，如图 10-3a 所示，该平面与三条棱线分别交于 *D*、*E*、*F* 三点，去掉锥顶部分，成为截头三棱锥，其棱面是四边形。由初等几何可知，仅知四个边长还不能作出四边形的实形。故展开时，仍需先按完整的三棱锥展开，再截去锥顶部分。为此，先在

152

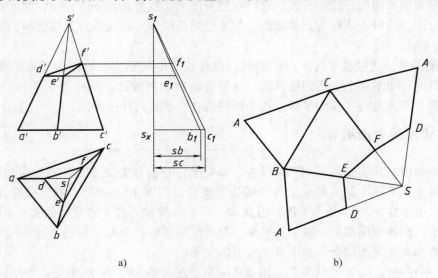

a)

b)

图 10-3　截头三棱锥的表面展开

投影图上定出 D、E、F 三点的位置，并求出 SD、SE、SF 的实长，然后量到三棱锥展开图对应的棱线 SA、SB、SC 与 SA 上，如图 10-3b 所示，得到点 D、E、F 和 D，并把各点用直线连接，即得截头三棱锥的表面展开图。

三、棱柱的表面展开

对棱柱的表面展开，一般采用正截面法、侧滚法或三角形法。

图 10-4 和图 10-5 所示的斜三棱柱的表面展开图，可以采用多种作图法。

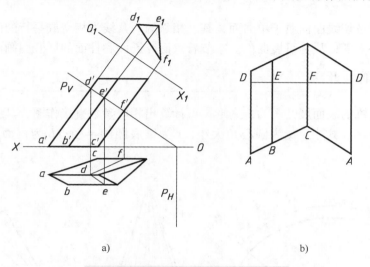

a)   b)

图 10-4　斜三棱柱正截面法表面展开

1. 正截面法

由于该三棱柱的棱与底面不垂直，因此先作正截面 P，并用换面法求出其实形 $d_1e_1f_1$，如图 10-4a 所示。然后将 $d_1e_1f_1$ 各边展成一直线，可得 D、E、F、D 各点，如图 10-4b 所示。过各点作直线（即棱）垂直于直线 DD，并在各垂线上作出各棱线的端点，由于棱线在 H 面的投影为正平线，因此棱的实长可以自 V 面投影量取，如 DA $=d'a'$ 等。连接各个端点就得到展开图。

2. 侧滚法

由于柱棱平行于 V 面，故可以直接用侧滚法作图。如图 10-5 所示，过 b'、e' 作直线 $b'B$、$e'E$，使其均垂直于 $a'd'$；以 a' 为圆

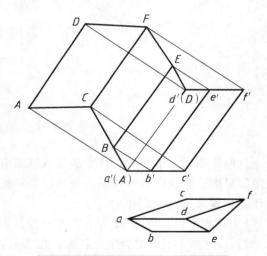

图 10-5　斜三棱柱侧滚法表面展开

心、ab 为半径画弧，与 $b'B$ 交于 B，得 $a'B$；过 B 作 $BE/\!/a'd'$，过 d' 作 $d'E/\!/a'B$，即得 $ABED$ 表面的展开图 $a'BEd'$；然后过 c'、f' 作直线 $c'C$、$f'F$，使其均垂直于 BE，以 B 为圆心、bc 为半径画弧，与 $c'C$ 交于 C，得 BC，过 C 点作 $CF/\!/BE$；过 E 作 $EF/\!/BC$，即得 $BCFE$ 表面的

展开图；同理作出 CADF 表面的展开图，即完成作图。

正截面法和侧滚法是对棱柱展开常用的方法，当然也可以采用三角形法。三角形法就是把棱柱侧面的每个四边形分割为两个三角形，再对每个三角形求实长，然后依次作出三角形的实形，从而得到棱柱面的展开图。感兴趣的同学可以自己试试，可以参考棱锥表面的展开画法。

第二节　可展曲面的展开

锥面、柱面及切线曲面属于单曲面，其上相邻的两素线为相交或平行的两直线，由于相邻两素线构成一平面，故为可展曲面。本节着重研究锥面和柱面的展开图画法。

一、锥面的展开

完整的正圆锥的表面展开图为一扇形，可计算出相应参数直接作图，其中，圆心角计算公式是 $\alpha = 360° r/L$（式中，α 为圆心角大小；r 为锥底圆的半径；L 为锥面素线长度），如图 10-6a所示。

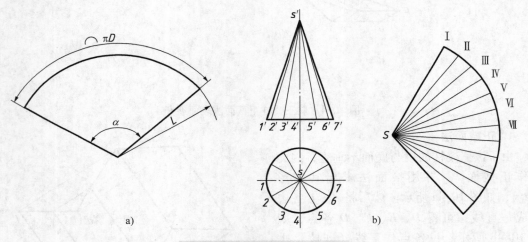

图 10-6　圆锥面的近似展开

近似作图时，锥面的展开方法是从锥顶引若干条素线，把相邻两素线间的表面作为一个三角形平面，画锥面的展开图，最后在展开图上将各三角形底边各点依次连成光滑曲线。具体作图步骤如下（见图 10-6b）：

1）把水平投影圆周 12 等分，在正面投影图上作出相应投影 $s'1'$、$s'2'$…。

2）以素线实长 $s'7'$ 为半径画弧，在圆弧上等距离量取 12 段，此时以底圆上的分段弦长近似代替分段弧长，即 ⅠⅡ=12、ⅡⅢ=23…，将首尾两点与圆心相连，即得正圆锥面的近似展开图。

若需展开大喇叭管形平截口正圆锥管，只需在正圆锥管展开图相应位置上截去上面的小圆锥面即可。

二、柱面的展开

柱面可以看作是具有无穷多棱线的棱柱面。因此，柱面可按棱柱面的展开方法进行展开。圆柱面常用计算法或图解法进行展开。由初等几何可知，圆柱面展开后，是以底边周长 πD 为一边、以素线长为高的一个矩形。计算出 πD 后，即可画出展开图。

如图 10-7a 所示的截头圆柱，一般用图解法进行展开，其作图步骤如下：

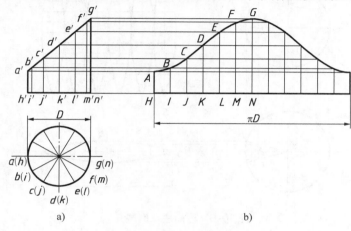

a)　　　　　　　　　　　　　　b)

图 10-7　截头圆柱面的展开

1) 把底圆分为若干等份，如图 10-7a 中分为 12 等份，对应有 12 条素线，如 AH、BI、CJ 等。

2) 把底边展开成一直线段，其长度为 12 段弦长（如弦 hi、ji 等）之和，得各分点为 H、I、J 等，如图 10-7b 所示。也可取直线长为 πD，再 12 等分得各分点。后一种方法较为精确。

3) 过各分点作底边的垂线，如取 HA、IB、JC 等，并从正面投影上量取对应素线实长，如取 $HA = h'a'$、$IB = i'b'$ 等，从而得 A、B 等各点。

4) 用曲线光滑连接 A、B、C 等诸点，即得截头圆柱的展开图。

可以看出，底边等分点数越多，作图结果越精确。

第三节　不可展曲面的近似展开

直线曲面中，连续两素线是异面直线的曲面和由曲母线形成的曲面，均属于不可展曲面，如正螺旋面、球面与环面等。理论上，这些曲面是不能展开的，但是由于生产需要，常采用近似展开法画出它们的表面展开图。作不可展曲面的展开图时，可假想把它划分为若干与它接近的可展曲面的小块（柱面或锥面等），按可展曲面进行近似展开；或者假想把它分成若干与它接近的小块平面，从而作近似展开。

一、球面的近似展开

圆球面可按柱面或锥面来展开，也可把两种方法结合起来展开。

（一）柱面法

如图 10-8 所示，将球面沿子午面分为若干等份，如 12 等份（瓣）。每一等份用外切圆柱面代替，作出 1/12 球面的近似展开图，并以此为模板，即可作出其余各等份的展开图。

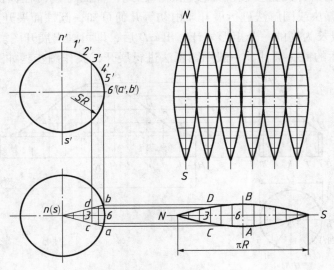

图 10-8　柱面法球面展开

作图步骤如下：

1）将球面沿子午面 12 等分，并将其中 1 等份的 1/2 用圆柱面代替，如图中 NAB。

2）作直线 $NS=\pi R$，并将其 12 等分，图中标出各分点 N、3、6、S 等。

3）过分点作垂线，如点 3、点 6 等，垂直于 NS，并在各垂线上量取相应的长度，如在过点 6 的垂线上，量取 $B6=b6$、$6A=6a$；在过点 3 的垂线上，量取 $D3=d3$、$3C=3c$，得点 D、B、C、A 等。

4）顺次光滑地连接各点，即得 1/12 球面的近似展开图。

（二）锥面法

如图 10-9 所示，将球面沿着纬线划分成若干块，再作各块的展开图。

作图步骤如下：

1）沿纬线将球面划分为若干块，块数视球的大小而定，现为 9 块。

2）将包含赤道的一块（Ⅴ）用内接球面的圆柱面代替，作圆柱面 Ⅴ 的展开图。

3）以 $R=O'1'$ 为半径作圆，得极板（1）的展开图。

4）Ⅱ、Ⅲ、Ⅳ各块（下半球

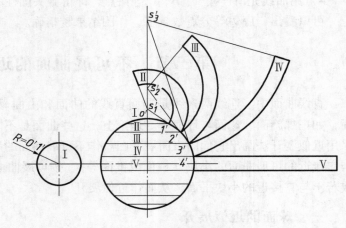

图 10-9　锥面法球面展开

与其对称也有 3 块）分别用内接球面的圆锥面代替，作圆锥面的展开图。现以锥台Ⅳ为例，其作法是：连 4'、3'，4'3'直线与铅垂中心线交于点 s_3'；以 s_3' 为圆心、$s_3'4'$ 为半径，作锥Ⅳ表面的展开图。图 10-9 中只画出一半。

5）类似地作锥台Ⅱ、Ⅲ表面的展开图。

二、圆环面的近似展开

圆环面近似展开的方法是过圆环回转轴作若干平面，把圆环截切成相同的几段，再把每一段按截头圆柱面进行展开，即得圆环面的近似展开图。如图 10-10 所示，已知 D、R 及 θ，作圆环弯头的展开图。

作图步骤如下：

1）将圆心角 θ 分为若干等份，如 3 等份，分点为 0、1、2、3。

2）过 4 条辐射线与内、外圆弧及中心圆弧相交，过交点作圆弧的切线，得 4 节截圆柱。

3）连接截圆柱对应轮廓线的交点，如点 a、b，得相邻两截圆柱的相贯线的投影，如 ab，完成投影图。

4）将截圆柱每隔一节旋转 $180°$，得一个整圆柱。

5）计算半节高 h 和整圆柱高 H，即

$$h = R\tan\frac{\theta}{2n} \tag{10-1}$$

$$H = 2nh \tag{10-2}$$

式中，n 为圆心角的等分数；其他符号意义如图 10-10 所示。

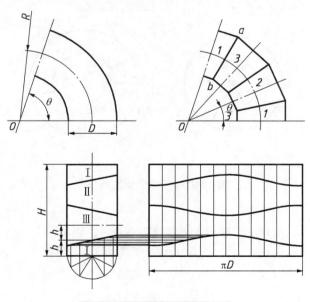

图 10-10 圆环弯头的展开

6）作整圆柱面的展开图，是矩形，尺寸为 $H \times \pi D$。

7）截圆柱Ⅰ按截头圆柱面展开图，以 $D/2$ 为半径作辅助半圆，并将其 6 等分，同时将

周长 12 等分，作出截交线的展开图，得截圆柱 I 的展开图。

8）类似地作出其余各节的展开图，就完成了全部展开图。

三、正螺旋面的近似展开

正圆柱螺旋面一般将其中一个导程作为一段，以直线为母线，以一螺旋线及其轴线为导线，又以轴线的垂直面为到平面的柱状面，可用作图法或计算法画出其展开图。

（一）作图法

采用三角形法，如图 10-11 所示，作图步骤如下：

1）将一个导程的螺旋面沿径向作若干等分，如 12 等分，得到 12 个四边形，如图 10-11a所示。

2）取一个四边形，如 ABCD，作对顶点连线，如 AC，得两个三角形。

3）求这两个三角形边中未知的实长 AB、CD 和 AC。

4）作出四边形的展开图 ABCD，并以此为模板，依次拼合四边形，作出一个导程的螺旋面的近似展开图，如图 10-11b 所示。

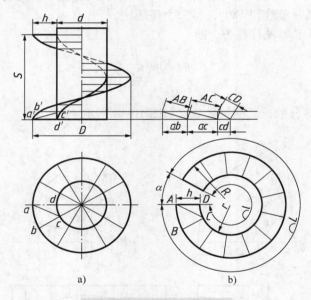

图 10-11 正螺旋面的展开

（二）计算法

已知螺旋面外径 D、内径 d、导程 S、螺旋面宽度 h，则有

$$L=\sqrt{(\pi D)^2+S^2} \tag{10-3}$$

$$l=\sqrt{(\pi d)^2+S^2} \tag{10-4}$$

$$r=\frac{lh}{L-l} \tag{10-5}$$

$$R=r+h \tag{10-6}$$

$$\alpha=\frac{2\pi R-L}{\pi R}180° \tag{10-7}$$

式中，l、L 分别为内、外螺旋线一个导程的展开长度。根据式（10-3）～式（10-7），即可计算出 R、r 和 α，画出展开图，如图 10-11b 所示。

第四节 应用举例

例 10-1 图 10-12 所示为一个四棱锥漏斗，求作其四棱锥的表面展开图。

解 如图 10-12a 所示，先延长四棱锥各棱线，求出四棱锥顶点 S，得出四棱锥，然后用直角三角形法求出棱线 SA 的实长。四根棱线长度相同。如图 10-12b 所示，作展开图的步骤如下：

1）作 $SA = a'\,\mathrm{II}_0$。以 S 为圆心、SA 为半径作一圆弧。

2）因矩形 $acde$ 反映实形，故其各边反映实长。在圆弧上截取弦长 $CA = ca$，$AE = ae$，$ED = ed$，$DC = dc$，得 C、A、E、D、C 交点，分别与点 S 相连，即为四棱锥的展开图。

3）求漏斗的一条棱线 AB 的实长，可由 b' 作水平线与 $a'\,\mathrm{II}_0$ 相交于 I_0，$a'\,\mathrm{I}_0$ 便是 AB 的实长，并在 SA 上取 $AB = a'\,\mathrm{I}_0$。过点 B 作与 CA、AE 底边平行的线段，其余两边作法类同，截出的部分即为漏斗四棱锥部分的展开图。

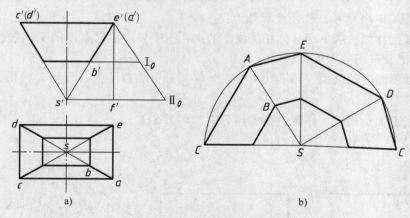

图 10-12 漏斗的表面展开

例 10-2 试作图 10-13 所示斜椭圆锥面的展开图。

解 本锥面的正截面为椭圆，底面为水平面，可用内接棱锥面代替椭圆锥面，作近似展开。作图步骤如下：

1）将底圆 12 等分，并过各分点作素线，如图中的 $S2$，其余素线未画出，如图 10-13a 所示。

2）用绕垂直轴旋转法（轴线过点 S），求各素线的实长，如 $S2$、$S6$ 等。

3）以相邻两素线的实长为两边，以底圆上的 1 等份的弦长（如 12）为第三边，依次作出各三角形，如 $S76$、$S65$ 等，得点 7、6、5 等。

4）用曲线板顺次光滑连接各点，即可画出展开图，如图 10-13b 所示。

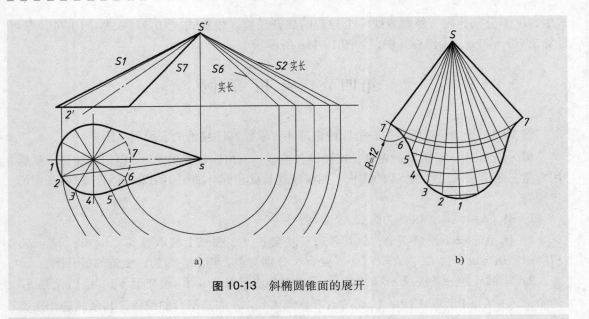

a)

b)

图 10-13　斜椭圆锥面的展开

例 10-3　作出具有公共对称面的圆柱与圆锥相贯体的表面展开图（见图 10-14）。

解　如图 10-14 所示，作图步骤如下：

1）用辅助球面法求出两立体相关线上的点，图中只表示出点 A 的 V 面投影 a' 的求作图过程，作出相贯线的 V 面投影。

2）作圆锥面的圆截面（圆心为 O_1），并将其等分为若干份，现为 8 等份，过各分点作素线。

3）以圆截面为底圆，作圆锥面的展开图，扇形 $S11$。

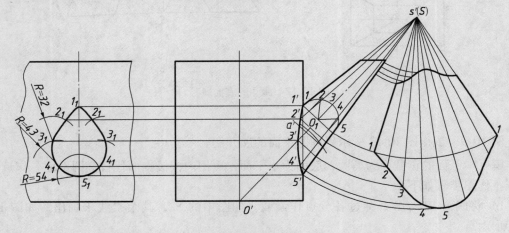

图 10-14　圆柱与圆锥相贯体的表面展开

4）底圆以上的截交线和底圆以下的相贯线上的各点，按所在素线，求出其在展开图上的位置，完成圆锥面的展开图。

5）作圆柱面的展开图。为此，过 $1'\sim5'$ 各点，分别作水平线，其中过 $1'$、$5'$ 的水平线

与铅垂线 $1_1 5_1$ 交于 1_1、5_1。以 5_1 为圆心、54（弦长）为半径作圆弧，与过 $4'$ 点的水平线交于 4_1（两点）。

6）类似地作出 3_1、2_1（均有两点），并依次用曲线板光滑连接 1_1、2_1、3_1、4_1、5_1 各点，即得圆柱面上相贯线的展开图。

例 10-4　已知 D、d、R 及 θ，作渐缩圆管弯头的表面展开图（见图 10-15）。

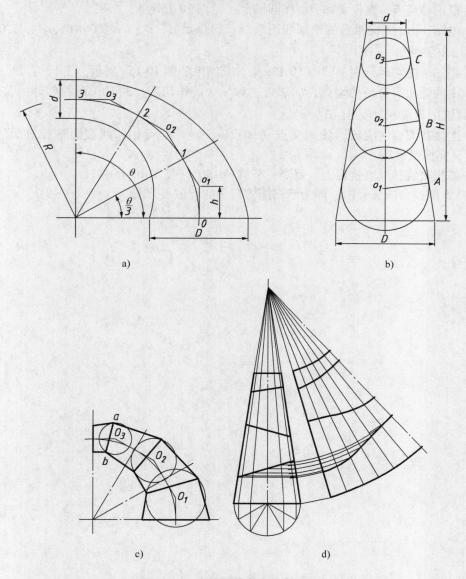

图 10-15　渐缩圆管弯头的表面展开

解　渐缩圆管弯头是球心在弯头曲率的中心线上，直径均匀缩小的各球面的包络面，俗称牛角弯，是不可展曲面，现用圆锥面法作近似展开。作图步骤如下：

1）将圆心角 θ 分为若干等份，如 3 等份，得分点 0、1、2、3（见图 10-15a）。

2）过各分点作弯头曲率中心线的切线，得各节圆锥的轴线，并得交点 o_1、o_2、o_3。

3）计算半节高 h 和圆锥台高 H，即

$$h = R\tan\frac{\theta}{2n}, \quad H = 2n \times h$$

式中，n 为圆心角等分数；其他符号的意义如图 10-15 所示。

4）根据总高 H、直径 d 和 D，作圆锥台（见图 10-15b）。

5）过 o_1、o_2、o_3 向锥台的轮廓线引垂线，得垂足 A、B、C，则 o_1A、o_2B、o_3C 为圆锥台内切球的半径。

6）将三个内切球分别移到图 10-15a 上，其结果如图 10-15c 所示。

7）由两端面圆直径的端点，向邻近的球 o_1、o_3 作切线，同时作两相邻球的公切线，得各节圆锥的轮廓线（见图 10-15c）。

8）连接截圆锥对应轮廓线的交点（如点 a、b），即得相邻两截圆锥相贯线的投影（如 ab），完成投影图。

9）将相贯线移到圆锥台上，每隔一节旋转 180°（见图 10-15d）。

10）作圆锥台的展开图，即为渐缩圆管弯头的近似展开图。

参 考 文 献

[1]　赵喆.机械基础标准新旧对比手册［M］.南京：江苏科学技术出版社，2000.

[2]　朱心雄，等.自由曲线曲面造型技术［M］.北京：科学出版社，2000.

[3]　吕守祥.工程制图［M］.3版.西安：西安电子科技大学出版社，2016.

[4]　刘力，王冰.机械制图［M］.4版.北京：高等教育出版社，2013.

[5]　潘陆桃，黄皖苏.画法几何及阴影透视［M］.2版.北京：机械工业出版社，2011.

[6]　刘小年，陈婷.机械制图［M］.3版.北京：机械工业出版社，2005.

[7]　顾文迢，缪临平.画法几何简明教程习题集［M］.2版.上海：同济大学出版社，2014.

[8]　裘文言，瞿元赏.机械制图［M］.2版.北京：高等教育出版社，2009.

[9]　张彤，樊红丽，焦永和.机械制图［M］.2版.北京：北京理工大学出版社，2006.

[10]　陆国栋，等.图学应用教程［M］.北京：高等教育出版社，2002.

[11]　刘朝儒，等.机械制图［M］.5版.北京：高等教育出版社，2006.

[12]　王兰美.工程制图［M］.北京：机械工业出版社，2001.

[13]　王兰美，殷昌贵.画法几何及工程制图［M］.3版.北京：机械工业出版社，2014.

[14]　朱冬梅，胥北澜，何建英.画法几何及机械制图［M］.6版.北京：高等教育出版社，2008.

[15]　祖业发.现代机械制图［M］.北京：机械工业出版社，2002.

[16]　杨胜强.现代工程制图［M］.北京：国防工业出版社，2001.

[17]　谭建荣，等.图学基础教程［M］.2版.北京：高等教育出版社，2006.

[18]　毛昕，等.画法几何及机械制图［M］.4版.北京：高等教育出版社，2010.

[19]　陈震邦.工业产品造型设计［M］.3版.北京：机械工业出版社，2014.

[20]　段齐骏.设计图学［M］.2版.北京：机械工业出版社，2007.

[21]　聂桂平，张兰成.现代设计图学［M］.2版.北京：机械工业出版社，2005.

[22]　邹玉堂.CAD制图及CAD文件管理国家标准应用指南［M］.北京：中国标准出版社，2008.

[23]　冯开平，莫春柳.画法几何与机械制图［M］.3版.广州：华南理工大学出版社，2013.

[24]　孙家广，等.计算机图形学［M］.3版.北京：清华大学出版社，1998.

[25]　施法中.计算机辅助几何设计与非均匀有理B样条［M］.2版.北京：高等教育出版社，2013.

[26]　冯秋官.机械制图与计算机绘图［M］.4版.北京：机械工业出版社，2010.

[27]　范存礼，等.画法几何学［M］.北京：中国建筑工业出版社，2002.

[28]　常明.画法几何及机械制图［M］.4版.武汉：华中科技大学出版社，2009.

[29]　何斌，陈锦昌，王枫红.建筑制图［M］.7版.北京：高等教育出版社，2014.

[30]　左宗义，冯开平.工程制图［M］.2版.广州：华南理工大学出版社，2008.

[31]　朱育万，卢传贤.画法几何及土木工程制图［M］.5版.北京：高等教育出版社，2015.

[32]　焦永和，张彤，张京英.工程制图［M］.2版.北京：高等教育出版社，2015.